dtv

W0077146

Alexander von Humboldt (1769–1859) galt schon zu Lebzeiten als außergewöhnlich. Die fünfjährige Forschungsreise in die Tropen Amerikas, zu der er 1799 aufbrach, begründete seinen Weltruhm. In seinem gigantischen Werk ›Kosmos‹ versuchte er, die gesamte materielle Welt einschließlich des Weltalls darzustellen. Als »Mann für das 21. Jahrhundert« empfahl ihn Hans Magnus Enzensberger allen zur Lektüre. Wie überraschend aktuell die Ideen des Naturforschers, Kosmopoliten und Verfechters der Menschenrechte sind, will dieses kleine Buch vermitteln.

Aus Briefen, Tagebüchern und Werken präsentiert diese Sammlung die wichtigsten, scharfzüngigsten und schönsten Gedanken Humboldts. Wie in einem Mosaik lässt sich darin die Biographie und die Essenz seiner Weltsicht entdecken.

Frank Holl, geboren 1956, ist promovierter Literaturwissenschaftler und Historiker. Seit 1994 kuratiert er internationale Ausstellungen zu Alexander von Humboldt. Er lebt und publiziert in München.

Alexander von Humboldt

Es ist ein Treiben in mir

Entdeckungen und Einsichten

Herausgegeben von
Frank Holl

Deutscher Taschenbuch Verlag

Die Abbildungen im Buch wurden
von Cecilia Estrada
unter Verwendung historischer Vorlagen
graphisch neu gestaltet.

Originalausgabe
Februar 2009
Deutscher Taschenbuch Verlag GmbH & Co. KG,
München
www.dtv.de
Umschlagkonzept: Balk & Brumshagen
Umschlaggestaltung: Cecilia Estrada unter Verwendung
des Humboldt-Porträts von François Gérard, 1805,
und der Ansicht von Teneriffa mit dem Vulkan Teide,
aus Friedrich Justin Bertuchs ›Bilderbuch für Kinder‹, 1810
Gesetzt aus der Bembo 10/12˙ (3B2)
Gesamtherstellung: Druckerei C. H. Beck, Nördlingen
Gedruckt auf säurefreiem, chlorfrei gebleichtem Papier
Printed in Germany · ISBN 978-3-423-13739-3

Inhalt

I.

»… ein Geist der Unruhe«

Aufbruch

»... in tausendfältigem Zwange«

Jugendjahre

Es ist ein Treiben in mir, dass ich oft denke, ich verliere mein bisschen Verstand. Und doch ist dies Treiben notwendig, um rastlos nach guten Zwecken hinzuwirken.

An Wilhelm Gabriel Wegener, Hamburg,
23. September 1790 [1]

Der Wunsch, entfernte Weltteile zu besuchen und die Produkte der Tropenwelt in ihrer Heimat zu sehen, ward erst in mir rege, als ich anfing, mich mit Botanik zu beschäftigen. [...] Ich durchlief alle Floren beider Indien [Amerika und Asien], kaufte alle Rinden der Apotheken zusammen, verweilte mit unendlichem Wohlgefallen bei einem Reishalm in meinem Herbarium und gewöhnte mich, unbändige Wünsche nach weiten und unbekannten Dingen zu hegen. [...] Ich träumte mich bisweilen nach beiden Indien, aber die Möglichkeit einer solchen Reise wurde mir noch nicht klar.

Reisetagebuch, Bogotá (Kolumbien),
4. August 1801 [2]

... Schloss Langweil ...

Über das elterliche Schloss Tegel,
gegenüber Henriette Herz, um 1788[3]

Ich bin bereit, den ersten Schritt in die Welt zu tun, un-
geleitet und ein freies Wesen. Ich freue mich dieses Zu-
standes, so misslich er zu sein scheint. Lange gewohnt, wie
ein Kind am Gängelbande geführt zu werden, harrt der
Mensch, die gebundenen Kräfte nach eigener Willkür in
Tätigkeit zu setzen und, sich selbst überlassen, der eigene
Schöpfer seines Glücks oder Unglücks zu werden.

An Wilhelm Gabriel Wegener, Berlin,
27. März 1789[4]

In einem jungen Gemüte, das 18 Jahre lang im väterlichen
Hause gemisshandelt und in einer dürftigen Sandnatur ein-
gezwängt worden ist, glimmt und glüht es wunderbar auf,
wenn es, seiner eigenen Freiheit überlassen, auf einmal eine
Welt von Dingen in sich aufnimmt.

Reisetagebuch, Bogotá (Kolumbien),
4. August 1801[5]

Meine Neigung ist es nicht [an der Handelsakademie in
Hamburg zu studieren], aber meine unglücklichen Verhältnisse (die Menschen von anderen Neigungen sehr glücklich und beneidenswert scheinen) zwingen mich immer
zu wollen, was ich nicht kann und zu tun, was ich nicht
mag.

An Paul Usteri, London,
27. Juni 1790[6]

Was mir vielleicht am meisten schadet, ist ein Geist der Unruhe, ein Streben nach Tätigkeit, das mich plagt. Aus dieser inneren Unruhe erkläre ich es mir, warum große körperliche Anstrengung mich so schnell aufheitert. Es ist dann eine Art von Gleichgewicht im physischen und moralischen Menschen.

An Archibald MacLean, Freiberg,
6. November 1791[7]

Ich habe so viel Geld, dass ich mir Nase, Mund und Ohren vergolden lassen kann.

An Paul Christian Wattenbach, Escheburg,
vor dem 26. April 1791[8]

Ich lebe hier einsam und zufrieden, wenn auch nicht froh. Zur Fröhlichkeit gehört eine Art des ruhigen Genusses, den ich hier nicht erlange. Was andere Menschen bei einem Aufenthalte von drei Jahren auf der Bergakademie [in Freiberg] vollenden, ist bei mir in eine Zeit von 7–8 Monaten zusammengedrängt.

An Archibald MacLean, Freiberg,
14. Oktober 1791[9]

Ich fühle, dass ich in den letzten Jahren an Selbständigkeit zugenommen habe. Mit wenigen Bedürfnissen genieße ich die Unabhängigkeit, derer unter allem Zwange größerer und kleinerer politischen Verhältnisse ein denkender Mensch fähig ist, eine Freiheit, die wir uns selbst schenken und die unvergänglich, wie unser Dasein, ist.

An Joachim Heinrich Campe, Berlin, 17. Mai 1792[10]

Wie oft hätte ich gewünscht, mit Ihnen zu sein, um Sie teilnehmen zu lassen an allen diesen Wundergaben der Natur. Aber so bin ich verdammt, immer allein, wie ein wandernder Jude die Welt zu durchirren, ohne Freund, ohne mitfühlendes Geschöpf – doch ich hasse alles Klagen. [...] Sie kennen meine häusliche Lage. Sie ist recht traurig, daher verlasse ich gern mein väterliches Haus. Einsamkeit ist doch noch besser als das Zusammenleben mit Menschen, mit denen man nicht harmoniert.

An Archibald MacLean, Berlin,
9. Februar 1793[11]

Der König hat mich zum Oberbergrat gemacht, mit der Erlaubnis, ihm in seinen Provinzen zu dienen oder durch wissenschaftliche Reisen nützlich zu werden. Dadurch ist mir freilich eine unabhängige Existenz geschenkt, aber sie fängt, wie oft Freiheit aus Zwang entsteht, mit Zwang an.

An Johann Wolfgang von Goethe, Bayreuth,
21. Mai 1795[12]

Hier in Tegel habe ich den größeren Teil dieses traurigen Lebens zugebracht, unter Leuten, die mich liebten, mir wohlwollten und mit denen ich mir doch in keiner Empfindung begegnete, in tausendfältigem Zwange, in entbehrender Einsamkeit, in Verhältnissen, wo ich zu steter Verstellung, Aufopferungen etc. gezwungen wurde.

An Carl Freiesleben, Tegel, 5. Juni 1792[13]

Ich fühlte mich eingeengt, engbrüstig. Ein unbestimmtes Streben nach dem Fernen und Ungewissen, alles, was meine Phantasie stark rührte, die Gefahr des Meeres, der Wunsch, Abenteuer zu bestehen und aus einer alltäglichen gemeinen Natur mich in eine Wunderwelt zu versetzen, reizte mich damals an. […] Alles, was auf bürgerliche Verhältnisse Bezug hatte, wurde mir verächtlich, jede Gemächlichkeit des häuslichen Lebens und der feineren Welt ekelte mich an. Ich lebte in einer Ideenwelt, die mich von der wirklichen abzog. […] Ich schrieb verrückte Briefe an meine Freunde und wurde mir von Tag zu Tag unverständlicher.

Reisetagebuch, Bogotá (Kolumbien),
4. August 1801[14]

[Schon als Knabe habe ich] auf die Erzählung von der kühnen Expedition des Vasco Núñez de Balboa gelauscht: des glücklichen Mannes, der, von Franz Pizarro gefolgt, der erste unter den Europäern, von den Höhen von Quarequa auf der Landenge von Panama, den östlichen Teil der Südsee erblickte […]. Was so durch kindliche Eindrücke, was durch Zufälligkeiten der Lebensverhältnisse in uns erweckt wird, nimmt später eine ernstere Richtung an, wird oft ein Motiv wissenschaftlicher Arbeiten, weitführender Unternehmungen.

›Das Hochland von Caxamarca,
der alten Residenzstadt des Inca Atahuallpa.
Erster Anblick der Südsee von dem Rücken der Andeskette‹,
in: ›Ansichten der Natur‹, 3. Auflage, 1849[15]

Mein Zimmer war mir ein offnes Grab.

An Carl Freiesleben, Berlin, 19. März 1792[16]

Jeder Mensch ist ein Produkt seiner Eltern und der Zeit. Menschen verderben den Menschen. Ich bin mit jedem Jahr schlechter geworden, mit dem meine Verhältnisse verwickelter wurden. Aber ich werde sie vereinfachen und – aus den Palmenwäldern kehre ich zurück, wie ich fühle, dass ich noch werden kann.

An Carl Freiesleben, Bayreuth, 2. Oktober 1796[17]

Damals [in Freiberg] sah ich fröhliche, freundliche Gesichter, es war ein schönes Gefühl, so allgemein beliebt zu sein – jetzt sind neue Menschen, und den alten bin ich ein komplizierter, in sich verwickelter Mensch geworden, den sie nicht begreifen wollen. Du kannst wohl denken, dass ich hier nicht auf die Achtung von Menschen anspiele, die ich verachte und deren Liebe mich nicht ehrt, nein, ich meine die einfache, edlere Menschenrasse, der ich sonst dort etwas war, und denen ich es nun nicht mehr sein werde, weil sie mich ihrer Sphäre entrückt glauben.

An Carl Freiesleben, Weimar, 18. April 1797[18]

Ich eile nun nur noch einmal nach Italien, aber in 1 ½ Jahren denke ich, Europa zu verlassen, und mich mit allen meinen Instrumenten nach den Canarischen Inseln und dann vorerst nach Westindien zu begeben. Möge ich nur halb so viel leisten, als ich mir zu leisten vornehme.

An Paul Usteri, Wien, 12. Oktober 1797[19]

»... zum Handeln bestimmt«

Persönliche Ziele

Ich bereite mich ohne Unterlass auf ein großes Ziel vor.

An Vladimir Jurevič Sojmomov, Goldkronach, 11. Juli 1793[20]

Wenn es ein Genuss ist, durch neue Entdeckungen das Gebiet unseres Wissens zu erweitern, so ist es eine weit menschlichere und größere Freude, etwas zu erfinden, das mit der Erhaltung einer arbeitsamen Menschenklasse, mit der Vervollkommnung eines wichtigen Gewerbes in Verbindung steht.

›Ueber die unterirdischen Gasarten und die Mittel ihren Nachtheil zu vermindern. Ein Beytrag zur Physik der praktischen Bergbaukunde‹, 1799[21]

Ich [habe] meine Stelle in preußischen Diensten aufgegeben, um als Privatmann und als Bürger eines Staates, von dessen Freiheit wir damals träumten, halb wachend mich oft noch träumt, ein menschliches, freies, hilfreichnützliches Leben zu führen.

An Ludwig Bollmann, Cumaná (Venezuela),
15. Oktober 1799[22]

Ich hielt es für besser, etwas zu leisten, als nichts zu versuchen, weil man nicht alles leisten kann.

An Friedrich Anton von Heinitz, Steben,
13. März 1794[23]

Es ist nicht genug, zu klagen, sondern man muss arbeiten, den Klagen abzuhelfen.

An Wilhelm Gabriel Wegener, Berlin,
3. Juli 1788[24]

Wahrheit an sich ist kostbar, kostbarer aber noch die Fertigkeit, sie zu finden.

An Georg Christoph Lichtenberg, Hamburg,
3. Oktober 1790[25]

Möge es der Nachwelt glücken, diesen geahnten Zusammenhang zwischen der materiellen und moralischen Welt in ein helleres Licht zu setzen.

›Versuche über die gereizte Muskel- und Nervenfaser‹,
1797[26]

Der Mensch muss das Große und Gute wollen. Das Übrige hängt vom Schicksal ab.

An Karl Ludwig Willdenow, Coruña (Spanien),
5. Juni 1799[27]

Ich weiß wohl, dass ich meinem großen Werke über die Natur nicht gewachsen bin, aber dieses ewige Treiben in mir (als wären es 10 000 Säue) wird nur durch die stete Richtung nach etwas Großem und Bleibendem erhalten.

An David Friedländer, Madrid, 11. April 1799[28]

Ein Menschenleben, begonnen wie das meinige, ist zum Handeln bestimmt, und sollte ich unterliegen, so wissen die, welche meinem Herzen so nahe als Du sind, dass ich mich nicht gemeinen Zwecken aufopfere.

An Karl Ludwig Willdenow, Havanna (Kuba),
21. Februar 1801[29]

»Seit 1789 bin ich gewiss über meine Richtung«

Die Französische Revolution

Es gibt ein Aufbrausen unter uns Deutschen, wie jenseits des Rheins. Der Unterschied ist nur der, der französische Enthusiasmus erschüttert den Despotismus, der deutsche läuft dem Lufttänzer [dem Ballonfahrer] Blanchard nach oder lässt sich von einer gelehrten Partei, die sich auf altdeutsche Sitte, Schreien und Schimpfen versteht, fein bei der Nase herumführen. Das Aufbrausen dauert aber nicht lange, die Vernunft kehrt zurück, und man schämt sich, doch ja! Ohne zu bekennen, man habe unrecht gehabt. Mit [Rousseaus] ›Confessions‹ halten es gar wenige Menschen.

An Joachim Heinrich Campe, Göttingen, 21. Februar 1790[30]

Der Anblick der Pariser, ihrer Nationalversammlung, ihres noch unvollendeten Freiheitstempels, zu dem ich selbst Sand gekarrt habe, schwebt mir wie ein Traumgesicht vor der Seele.

An Friedrich Heinrich Jacobi, Hamburg, 3. Januar 1791[31]

Die republikanischen Dragonaden [Gewaltmaßnahmen] sind ebenso empörend als die religiösen. Nur eine Wohltat, die Ausrottung des Feudalsystems und aller aristokratischen Vorurteile, unter denen die ärmeren und edleren Menschenklassen so lange geschmachtet, wird schon gegenwärtig genossen – und dieser Genuss wird bleiben, wenn auch monarchische Verfassungen wieder ebenso allgemein werden, als es die republikanischen zu werden scheinen.

An Heinrich Carl Abraham Eichstädt, Salzburg, 19. April 1798[32]

Die Abschaffung des Feudalsystems, das geheiligte Recht der Gleichheit, wird die Menschen glücklicher und besser machen.

An Ludwig Bollmann, Cumaná (Venezuela), 15. Oktober 1799[33]

Seit 1789 bin ich gewiss über meine Richtung, und ich denke, das ist deutlich in allen meinen Schriften zu lesen.

Zu Friedrich Althaus, Berlin, 23. Dezember 1849[34]

Ich bin ja, während der letzten Jahre, selbst eine missliebige Person geworden; und würde längst als Revolutionär und Autor des gottlosen ›Kosmos‹ ausgewiesen sein, verhinderte dies nicht meine Stellung beim Könige. Den Pietisten und Kreuzzeitungsmännern bin ich ein Gräuel. Nichts würde ihnen lieber sein, als dass ich schon unter der Erde vermodere.

Zu Friedrich Althaus, Berlin, 5. August 1852[35]

… alter trikolorer Lappen …

Selbstcharakterisierung unter Anspielung auf die Flagge der Französischen Revolution, an Christian Carl Josias von Bunsen, Berlin, 7. Januar 1842[36]

»… ein so großes und seltenes Gefühl«

Freundschaft

Vor einem Freunde sich seiner Schwäche schämen, ist ebenso töricht, als schädlich es ist, seine Schwächen vor sich selbst zu verbergen.

An Wilhelm Gabriel Wegener, Berlin,
12. Juni 1788[37]

Ohne Kenntnis der Charaktere ist keine Freundschaft!

An Dietrich Ludwig Gustav Karsten, Freiberg,
25. August 1791[38]

Wenn alles um uns her und in uns dumpf und düster ist, wie in den Seelen der Verbrecher, oder in den Schatten der Nacht, leuchtet oft ein freundliches Gestirn.

An Wilhelm Gabriel Wegener, Göttingen,
16. August 1789[39]

Alles, was von, über, mit, wegen, durch und um Dich ist, hat Interesse für mich, und Freundschaftsbezeugun-gen, wie sie die Sprache des Herzens sind, verlieren den Reiz der Neuheit nie. Sie sind vielmehr wie der Wein, der mit den Jahren immer angenehmer und köstlicher wird.

An Wilhelm Gabriel Wegener, Berlin, 12. Juni 1788[40]

Es ist ein so großes und seltenes Gefühl, die Achtung eines guten Menschen ganz zu genießen, dass für mich kein irdisches Gut diesen moralischen Genuss zu ersetzen vermag.

An Archibald MacLean, Freiberg, 6. November 1791[41]

Es gibt der Banden so wenige, die die Menschen mit Menschen knüpfen ohne Zwang, ganz nach dem Wunsche des Herzens, die durch keine äußere Kraft sanzirt [sanktioniert] sind, wo Treue und wechselseitige Liebe die Stelle des Eides vertreten. Nichts ist mir daher heiliger, verehrungswerter als Freundschaft, sie, die so ganz ein Werk der Freiheit und darum so edel und herrlich ist.

An Wilhelm Gabriel Wegener, Berlin,
27. Dezember 1788[42]

Ich hasse in den Tod die Menschen, die immer abmessen und abwiegen, ob es wohl zuträglich sei, diesen oder jenen ihrer Freundschaft zu würdigen.

An Wilhelm Gabriel Wegener, Berlin,
24. Februar 1789[43]

Die Gesellschaft guter Menschen hat etwas Herzerhebendes, das die Freuden des Umgangs vielfach erhöht.

An Joachim Heinrich Campe, Göttingen,
1. Mai 1789[44]

Um nicht kalt und unteilnehmend zu scheinen, muss ich Interesse für so viele Dinge affektieren, die mir gleichgültig sind. Ich habe es mir, ebenso sehr aus Eitelkeit, einen angenehmen Eindruck zu machen, als aus Gutmütigkeit, zur Pflicht gemacht, jedem etwas Verbindliches zu sagen, mich in die Laune und die individuelle Lage jedes Menschen zu fügen, sodass mir vieler Umgang oft ein Zwang wird. So wie aber meine Heiterkeit abnimmt, so erwacht desto lebhafter in mir, mit jedem Jahre, die Wärme und Innigkeit gegen meine Freunde.

An Archibald MacLean, Freiberg,
6. November 1791[45]

Es ist eine wunderbare Sache um Menschen, dass man sich gewöhnlich dann erst nähertritt und sich gegenseitig etwas ist, wenn man sich bald und vielleicht auf ewig trennt.

An Christian Focke, Madrid,
vor dem 26. März 1799[46]

II.

»… die Tropenwelt ist mein Element«

Entdeckungen

»Welch ein Glück ist mir eröffnet!«

Die Neue Welt

Meine Reise ist unerschütterlich gewiss. Ich präpariere
mich noch einige Jahre und sammle Instrumente, ein bis
anderthalb Jahre bleibe ich in Italien, um mich mit Vulkanen genau bekannt zu machen, dann geht es über Paris
nach England, wo ich leicht auch wieder ein Jahr bleiben könnte, und dann mit englischem Schiffe nach Westindien.

An Karl Ludwig Willdenow, Bayreuth,
20. Dezember 1796[47]

Das erste Jahr sollten wir in Paraguay und im Patagonen-
lande, das zweite in Peru, Chile, Mexiko und Kalifornien,
das dritte im Südmeer, das vierte in Madagaskar und das
fünfte in Guinea zubringen.

An Karl Ludwig Willdenow, Aranjuez (Spanien),
20. April 1799[48]

Welch ein Glück ist mir eröffnet! Mir schwindelt der
Kopf vor Freude. Ich gehe ab mit der spanischen Fregatte
»Pizarro«; wir landen vorher in den Kanarien und an der

Küste Caracas in Südamerika. […] Welchen Schatz von Beobachtungen werde ich nun […] zu meinem Werke über die Konstruktion des Erdkörpers sammeln können!

An Carl Freiesleben, Coruña (Spanien),
4. Juni 1799[49]

Dieses Unternehmen [die amerikanische Reise] ist für einen Privatmann etwas groß, aber einem großen Plane unterliegen, ist nicht Schande.

An Ludwig Bollmann, Cumaná (Venezuela),
15. Oktober 1799[50]

Ich unternehme ein großes Werk. Meine Gesundheit ist etwas fester als sonst, und ich hoffe, das Abenteuer gut zu bestehen. Sie wissen, dass ich viel arbeite, darum zürnen Sie und meine anderen Freunde nicht, wenn ich so selten schreibe. Ein Menschenleben geht so rasch dahin, und man will doch gern etwas leisten, was nach einem fortdauert.

An Dietrich Ludwig Gustav Karsten, Aranjuez (Spanien),
3. Mai 1799[51]

Nie war einem Reisenden eine umfassendere Erlaubnis zugestanden worden, nie hatte die spanische Regierung einem Fremden größeres Vertrauen bewiesen.

›*Relation Historique*‹ (›*Reise in die Äquinoktial-Gegenden*
des Neuen Kontinents‹), *1814*[52]

Der Augenblick, wo man zum ersten Mal von Europa scheidet, hat etwas Ergreifendes. Wenn man sich auch noch so bestimmt vergegenwärtigt, wie stark der Verkehr zwischen den beiden Welten ist, wie leicht man bei den großen Fortschritten der Schifffahrt über den Atlantik gelangt, der, verglichen mit dem Pazifik, ein nicht sehr breiter Meeresarm ist, das Gefühl, dass man zum ersten Mal eine weite Reise antritt, hat immer etwas tief Bewegendes.

›Äquinoktial-Gegenden‹, 1814[53]

Ich wollte die Länder, die ich besuchte, einer allgemeineren Kenntnis zuführen; und ich wollte Tatsachen zur Erweiterung einer Wissenschaft sammeln, die noch kaum skizziert ist und ziemlich unbestimmt bald »Physik der Welt«, bald »Theorie der Erde«, bald »Physikalische Geographie« genannt wird.

›Äquinoktial-Gegenden‹, 1814[54]

Nie, nie hat ein Naturalist mit solcher Freiheit verfahren können.

An Karl Ludwig Willdenow, Havanna (Kuba),
21. Februar 1801[55]

»... ein guter Mensch«

Der Reisegefährte Aimé Bonpland

Ein französischer Botanist, Bonpland, ein guter Mensch, der mich seit sechs Monaten sehr kaltlässt, das heißt mit dem ich ein bloß wissenschaftliches Verhältnis habe, begleitet mich.

An Carl Freiesleben, Coruña (Spanien),
4. Juni 1799[56]

Diese Bekanntschaft war einer der glücklichsten Zufälle meines Lebens.

›Meine Bekenntnisse‹, 3. Januar 1806[57]

Niemals würde ich einen so treuen, tätigen und mutigen Freund wieder gefunden haben.

An Wilhelm von Humboldt, Cumaná (Venezuela),
17. Oktober 1800[58]

Mit meinem Reisegefährten Bonpland habe ich alle Ursache, überaus zufrieden zu sein. Er ist [...] überaus tätig, arbeitsam, sich leicht in Sitten und Menschen findend, spricht sehr gut Spanisch, ist sehr mutvoll und unerschrocken, – mit einem Worte, er hat vortreffliche Eigenschaften für einen reisenden Naturforscher. Die Pflanzen, die mit den Dubletten über 12 000 betragen, hat er allein geordnet. Die Beschreibungen sind etwa zur Hälfte sein Werk. Oft haben wir auch jeder besonders ein und dieselbe Pflanze beschrieben, um der Wahrheit desto gewisser zu sein.

An Karl Ludwig Willdenow, Havanna (Kuba),
21. Februar 1801[59]

»… inmitten einer wilden und gigantischen Natur«

Die Welt der Tropen

Seit unserem Eintritt in die heiße Zone wurden wir nicht
müde, in jeder Nacht die Schönheit des südlichen Himmels zu bewundern, an dem, je weiter wir nach Süden
vorrückten, immer neue Sternbilder vor unseren Blicken
aufstiegen. Ein sonderbares, bis jetzt ganz unbekanntes Gefühl wird in einem rege, wenn man bei der Annäherung an
den Äquator und namentlich beim Übergang aus der einen
Halbkugel in die andere sieht, wie die Sterne, die man von
frühester Kindheit an gekannt, immer tiefer hinabrücken
und endlich verschwinden.

›Äquinoktial-Gegenden‹, 1814[60]

Welche Farben der Vögel, der Fische, selbst der Krebse
(himmelblau und gelb!). Wie die Narren laufen wir bis jetzt
umher; in den ersten drei Tagen können wir nichts bestimmen, da man immer wieder einen Gegenstand wegwirft,
um einen anderen zu ergreifen. Bonpland versichert, dass
er von Sinnen kommen werde, wenn die Wunder nicht
bald aufhören. […] Ich fühle es, dass ich hier glücklich sein

werde und dass diese Eindrücke mich auch künftig noch oft erheitern werden.

An Wilhelm von Humboldt, Cumaná (Venezuela),
16. Juli 1799[61]

Ich fühle wohl, wie sehr ein Amerikareisender gegenüber denen im Nachteil ist, die Griechenland, Ägypten, die Ufer des Euphrat oder die Südseeinseln beschreiben. In der alten Welt sind es die Völker und die Abstufungen ihrer Zivilisation, die dem Gemälde seinen Hauptcharakter geben; in der neuen hingegen verschwindet gleichsam der Mensch mit seinen Produkten inmitten einer wilden und gigantischen Natur.

›Äquinoktial-Gegenden‹, 1814[62]

Wir sind hier von Tigern [Jaguaren] und Krokodilen [Alligatoren] umgeben, die sich gar nicht genieren, auch nicht ekel sind, und einen weißen so wie einen schwarzen Mann für einen gleich guten Bissen halten.

An Franz Xaver von Zach, Cumaná (Venezuela),
1. September 1799[63]

Es ist sehr ungewiss, fast unwahrscheinlich, dass wir beide, Bonpland und ich, lebendig über die Philippinen und das Kap der Guten Hoffnung zurückkehren.

An Karl Ludwig Willdenow, Havanna (Kuba),
21. Februar 1801[64]

Unauslöschlich wird mir der Eindruck jener stillen Tropen-Nächte der Südsee bleiben, wenn aus der duftigen

Himmelsbläue das hohe Sternbild des Schiffes und das gesenkt untergehende Kreuz ihr mildes planetarisches Licht ausgossen und wenn zugleich in der schäumenden Meeresflut die Delphine ihre leuchtenden Furchen zogen.

›Ideen einer Physiognomik der Gewächse‹, in:
›Ansichten der Natur‹, 1. Auflage, 1808[65]

Meine Unabhängigkeit wird mir mit jedem Tag teurer, daher habe ich nie, nie eine Spur von Unterstützung irgendeines Gouvernements angenommen.

An Karl Ludwig Willdenow, Havanna (Kuba),
21. Februar 1801[66]

Ich habe nun zwei Jahre lang vom Kapuziner an (denn ich war lange in ihren Missionen, unter den Chaimas-Indianern) bis zum Vizekönig mit allen Menschenklassen genau verbunden gelebt, ich bin der spanischen Sprache jetzt fast so gut wie meiner Muttersprache mächtig, und bei dieser genauen Kenntnis kann ich versichern, dass diese Nation trotz des Staats- und Pfaffenzwangs mit Riesenschritten ihrer Bildung entgegengeht, dass ein großer Charakter sich in ihr entwickelt.

An Karl Ludwig Willdenow, Havanna (Kuba),
21. Februar 1801[67]

Ein wirres Getöne dringt aus jedem Busch, aus faulen Baumstämmen, aus den Felsspalten, aus dem Boden, in dem Eidechsen, Tausendfüßler, Cäcilien ihre Gänge graben. All diese Stimmen rufen uns zu, dass alles in der Natur atmet, dass in tausendfältiger Gestalt das Leben im staubigen, zerklüfteten Boden waltet, so gut wie im Schoße der Wasser und in der Luft, die uns umgibt.

›Äquinoktial-Gegenden‹, 1820[68]

Jene unbewohnten, mit Wald bedeckten, geschichtslosen Ufer des Casiquiare beschäftigten damals meine Einbildungskraft, wie die in der Geschichte der Kulturvölker hochberühmten Ufer des Euphrat und des Oxus dieses heute tun. […] Der Boden ist dicht bedeckt mit Gewächsen […], Krokodile und Boas sind die Herren des Stroms; der Jaguar, der Pecari [Nabelschwein], der Tapir und die Affen streifen durch den Wald, ohne Furcht und ohne Gefahr; sie hausen hier wie auf ihrem angestammten Erbe. Dieser Anblick der lebendigen Natur, in der der Mensch nichts ist, hat etwas Befremdendes und Tristes.

›Äquinoktial-Gegenden‹, 1822[69]

»Denkmäler der großartigen Zivilisation«

Die vorspanischen Kulturen

Ein Volk [die Azteken], das seine Feste nach den Bewegungen der Gestirne richtete und seinen Festkalender in ein öffentliches Monument [den Sonnenstein] gravierte, hatte zweifellos einen höheren Zivilisationsgrad erreicht, als Pauw, Raynal und selbst Robertson, der klügste Geschichtsschreiber, ihm haben zubilligen wollen. Diese Autoren betrachten alle menschlichen Zustände für barbarisch, die in das Bild von der Kultur nicht passen wollen, welches sie sich aus ihren systematischen Ideen entworfen haben. Diese scharfen Unterscheidungen zwischen barbarischen und zivilisierten Nationen können wir nicht gelten lassen.

> *Vues des Cordillères et monumens des peuples*
> *indigènes de l'Amérique*
> (*Ansichten der Kordilleren und Monumente*
> *der eingeborenen Völker Amerikas*),
> 1810[70]

Man muss bewundern, mit welcher Intelligenz die Mexikaner im Augenblick der Conquista neue Hieroglyphen erfanden für Dinge, die sie nicht gesehen hatten. So zeigt ein Kopf, von dem ein Faden ausgeht, der zwei Schlüssel hält, eine Person, die sich Petrus nennt. […] Man sieht Bischöfe, die firmen, Kreuze und viele erhängte Indios; denn es ist schrecklich, dass man bei der Durchsicht der mexikanischen chronologischen Bilderschriften sicher ist, Spanier anzutreffen, sobald man erhängte Indios sieht.

Reisetagebuch, Mexiko-Stadt, Juli 1804[71]

Das alte Mexiko war wie Venedig voller Kanäle. Man wollte alles trockenlegen, eine Stadt mit festem Boden daraus machen; aber um an sein Ziel zu kommen, wenn man überhaupt jemals dahin gelangen wird, muss man das Tal unfruchtbar machen, die Seen ablaufen lassen.

Reisetagebuch, Mexiko-Stadt,
12. April 1803–20. Januar 1804[72]

Auf dem ganzen Weg von Trujillo nach Santa und von da über Chimbote nach Casma haben wir Denkmäler der großartigen Zivilisation [der Chimú] gesehen, in der die Untertanen des Königs Chimún-Cauchu lebten.

Reisetagebuch, Aufenthalt in Trujillo (Peru),
24. September–7. Oktober 1802[73]

Der Altperuaner war eine Maschine und nicht mehr. Jedem war sein Platz, seine Beschäftigung angewiesen. Alle Geistesfreiheit war unterdrückt. […] Die Inkas allein waren fähig, den Einwohnern Amerikas ein Vorspiel von dem zu geben, was christliche Raserei durch spanische Hände ausrichtete. […] Dürfen wir uns wundern, dass es für die

Spanier so leicht war, dieses Maschinenvolk zu besiegen? [...] Sie hielten die Spanier für die Söhne des Pachacámac, deren Ankunft der Visonär Inka Virachoca verheißen hatte.

Reisetagebuch, Mexiko-Stadt,
11. April 1803–20. Januar 1804[74]

Die peruanische Theokratie war wohl weniger drückend als die Herrschaft der mexikanischen Könige; doch die eine wie die andere haben dazu beigetragen, den Monumenten, dem Kultus und der Mythologie zweier Bergvölker jenen trüben, dunklen Charakter zu verleihen, der im Gegensatz zu den Künsten und den süßen Fiktionen der Völker Griechenlands steht.

›Vues des Cordillères‹, 1810[75]

Wundern wir uns nicht über die Rohheit des Stils und die Fehlerhaftigkeit der Umrisse in den Werken der Völker Amerikas. Vielleicht frühzeitig vom Rest der menschlichen Gattung getrennt, umherirrend in einem Land, wo der Mensch lange gegen eine wilde, stets bewegte Natur zu kämpfen hatte, haben sich diese sich selbst überlassenen Völker nur langsam entwickeln können.

›Vues des Cordillères‹, 1810[76]

Die einzigen amerikanischen Völker, bei denen wir bedeutende Monumente finden, sind Bergvölker. Abgesondert in den Wolkenregionen, auf den höchsten Plateaus des Globus, umringt von Vulkanen, deren Krater vom ewigen Eis bedeckt sind, scheinen sie, in der Einsamkeit dieser

Wüsten, nur das zu bewundern, was die Einbildungskraft durch Größe und Masse ergreift. Die Werke, die sie hervorgebracht haben, tragen das Gepräge der wilden Natur der Kordilleren.

›Vues des Cordillères‹, 1810[77]

»… eine unmoralische Idee«

Die Kolonien

Die Idee der Kolonie selbst ist eine unmoralische, diese Idee eines Landes, das einem anderen zu Abgaben verpflichtet ist, eines Landes, in dem man nur zu einem bestimmten Grad an Wohlstand gelangen soll, in welchem der Gewerbefleiß, die Aufklärung sich nur zu einem bestimmten Punkt ausbreiten dürfen.

Reisetagebuch, Guayaquil (Ecuador),
4. Januar–17. Februar 1803[78]

Jede Kolonialregierung ist eine Regierung des Misstrauens. Man verteilt die Autorität dort nicht so, wie es die öffentliche Wohlfahrt der Einwohner erfordert, sondern entsprechend dem Argwohn, dass diese Autorität sich vereinigen, dass sie sich zu sehr um das Wohl der Kolonie bemühen und den Interessen des Mutterlandes gefährlich werden könnte.

Reisetagebuch, Guayaquil (Ecuador),
4. Januar–17. Februar 1803[79]

Je größer die Kolonien sind, je konsequenter die europäischen Regierungen in ihrer politischen Bosheit sind,

umso stärker muss sich die Unmoral der Kolonien ver-
mehren.

Reisetagebuch, Guayaquil (Ecuador), 4. Januar–17. Februar 1803[80]

Die Kolonie ist ein Land, wo man behauptet, in Freiheit
leben zu können, weil man dort seine Sklaven straflos miss-
handeln und die Weißen beleidigen kann, wenn sie arm
sind.

Reisetagebuch, Guayaquil (Ecuador), 4. Januar–17. Februar 1803[81]

Wie unwirtbar macht europäische Grausamkeit die Welt!

Reisetagebuch, Ankunft an der Küste von Neu-Granada
(Kolumbien), 29. März 1801[82]

Hört die Zwangslage durch Revolutionen auf, baut man
selbst Seide, Wein, Öl, webt man selbst in selbstständiger,
freier Existenz – dann nimmt [der] ausländische Handel
nach und nach ab […]. Alles kommt dann in eine natürliche Lage, denn natürlich ist die Lage gewiss nicht, dass
hier alles mit Zuckerschilf und Blaufarbenkräutern bedeckt sein muss, damit man mit diesen Produkten Dinge
erkaufen, holen kann, welche die wohltätige Natur in
gleicher Güte (Wein) hervorbringt.

Reisetagebuch, Cumaná (Venezuela),
27. August–16. November 1800[83]

Das Goldsuchen ist eine europäische Krankheit, welche
an Raserei grenzt.

Reisetagebuch, Aufenthalt in Honda (Kolumbien),
18.–22. Juni 1801[84]

Früher wollte man mich in Río de Janeiro als gefährlichen Kundschafter verhaften und nach Europa zurückschicken. Der dazu ausgefertigte Befehl wird dort als Merkwürdigkeit gezeigt. Jetzt macht man mich zum Schiedsrichter! Ich habe natürlich für Brasilien entschieden, denn ich wollte den großen Orden haben, die Republik Venezuela hat keinen!

Zu Karl August Varnhagen von Ense, Berlin,
11. August 1855, nachdem Humboldt
wegen eines Streites zwischen Brasilien und
Venezuela um ein beträchtliches Landgebiet
von beiden Ländern um einen Schiedsspruch
gebeten worden war. [85]

»Mönchsgesindel«

Das Regiment der Missionare

Keine Religion predigt die Unmoral, aber was sicher ist, ist, dass von allen existierenden die christliche Religion diejenige ist, unter deren Maske die Menschen am unglücklichsten werden. Dass man doch die Missionen besuchte, dass man in die Hütten der unglücklichen Amerikaner einträte, die unter der Fuchtel von Franziskaner- oder Kapuzinermönchen leben; man würde wünschen, auf einer verlassenen Insel zu leben, um niemals von den Europäern und ihrer Theokratie sprechen zu hören.

Reisetagebuch, Lima (Peru), 23. Oktober–24. Dezember 1802 [86]

Es ist so schwierig für einen Europäer, in diesen Breiten ein anständiger Mensch zu bleiben, wo die Straflosigkeit bis in den Klerus hinein herrscht, dass ich Gott täglich bitte, mich nicht hier sterben zu lassen, denn ohne Zweifel werde ich verdammt sein.

Reisetagebuch, Guayaquil (Ecuador), 4. Januar–17. Februar 1803 [87]

Das Unglück des Indios in den Missionen besteht darin, dass er Sklave des Paters ist, [...] dass er keinen eigenen

Willen hat, dass man ihn sechs Monate des Jahres von seiner Familie trennt, um ihn im Kanu des Paters rudern zu lassen, dass er kein Eigentum hat, weil der Missionar ihn zwingt, ihm alles abzutreten, [...] dass man ihn jeden Augenblick, sogar in der Kirche, auspeitscht, dass er unbewegt sieht, wie seine Frau, seine Mutter, ohne Unterschied des Alters, beim Gebet geschlagen wird, weil sie infierno (Hölle) wie invierno (Winter) ausspricht.

Reisetagebuch, Lima (Peru),
23. Oktober–24. Dezember 1802[88]

Es ist notwendig, dass das Auge des Gesetzgebers über dem Regiment der Missionare wacht.

›Äquinoktial-Gegenden‹, 1820[89]

Es gibt nichts Widerlicheres als in den Kariben-Missionen den Priester nach der Messe im Ornat vor der Kirchentür Aufstellung nehmen zu sehen, um die Geschenke (Abgaben) der Indios zu empfangen [...]. Nach diesem Akt der Huldigung befiehlt der Priester, die Indios auszupeitschen, die seinem Despotismus Widerstand geleistet haben. Man peitscht oft dreiviertel Stunden lang sieben bis acht bis neun Indios; der Priester kehrt in die Sakristei zurück und legt sein »geistliches Ehrenkleid« ab.

Reisetagebuch, Lima (Peru),
23. Oktober–24. Dezember 1802[90]

Die Mönchszucht [...] in die Wildnisse der Neuen Welt verpflanzt [...], muss desto verderblicher wirken, je länger sie andauert. Sie hält von Generation zu Generation die geistige Entwicklung nieder, sie hemmt den Verkehr unter den Völkern, sie weist alles ab, was die Seele erhebt und den Vorstellungskreis erweitert. Aus all diesen Ursachen zusammen verharren die Indianer in den Missionen in einem Zustand von Unkultur, der Stillstand heißen müsste, wenn die Gesellschaften nicht dem Marsche des menschlichen Geistes folgten, wenn sie nicht Rückschritte machten, eben weil sie nicht fortschreiten.

›Äquinoktial-Gegenden‹, 1818[91]

Die gegenwärtigen Missionare sind eine Menschenklasse, die unter dem Anschein, den Indios Gutes zu tun, ihnen ihren Besitz gewaltsam wegnimmt und sie glauben macht, es sei eine Sünde, sich darüber zu beklagen.

Reisetagebuch, Lima (Peru),
23. Oktober–24. Dezember 1802[92]

Man brachte um, was Widerstand zu leisten wagte, man brannte die Hütten nieder, zerstörte die Pflanzungen und schleppte Greise, Frauen und Kinder als Gefangene fort. […] »Die Stimme des Evangeliums«, sagt ein Jesuit vom Orinoco in den ›Erbaulichen Briefen‹ äußerst naiv, »wird nur da vernommen, wo die Indianer Pulver haben knallen hören. Sanftmut ist ein gar langsames Mittel. Durch Züchtigung erleichtert man sich die Bekehrung der Eingeborenen.«

›Äquinoktial-Gegenden‹, 1822[93]

Weil der Indianer aus den Wäldern in den meisten Missionen als ein Leibeigener behandelt wird, weil er der

Früchte seiner Arbeit nicht froh wird, veröden die christlichen Niederlassungen am Orinoco. Ein Regiment, das sich auf die Vernichtung der Freiheit der Eingeborenen gründet, tötet die Geisteskräfte oder hemmt ihre Entwicklung.

›Äquinoktial-Gegenden‹, 1822[94]

Den Indios geht es wie den Afrikanern: Werden sie nicht gerade totgeschlagen, heißt es, es gehe ihnen gut.

Reisetagebuch, Lima (Peru),
23. Oktober–24. Dezember 1802[95]

Wenn in den Kapuziner- und Observantenklöstern in Spanien man wüsste, wie herrlich das Missionsleben ist, alle Mönche liefen nach Amerika. Ich habe oft die Kapuzinerspeise in Tirol mit dem verglichen, was ich tief im Innern von Südamerika an Weinen, Likören, Kuchen, Süßigkeiten, Pasteten genossen habe. […] Der Reichtum, den ein fleißiger Missionar an zum Handel günstigen Orten haben kann, ist grenzenlos. Der Reichste hier ist, wer Hände hat, und des Missionars Sklaven sind alle Indianer seines Dorfes. […] Niemand will zurückkehren und sich wieder ins Kloster einzwängen.

Reisetagebuch, Playa de Uruana (Venezuela),
6. April 1800 und später[96]

In Maipures fanden wir in den Hütten der Eingeborenen eine Ordnung und eine Reinlichkeit, wie man sie in den Häusern der Missionare selten antrifft.

›Äquinoktial-Gegenden‹, 1822[97]

So unverschämt unmoralisch, dieses Mönchsgesindel!

Reisetagebuch, San Antonio de Yavita (Venezuela),
1. bis 4. Mai 1800[98]

Welch grausame Vorstellung, dass die Indios euren Gott
nicht anbeten können, ohne ausgepeitscht zu werden!

Reisetagebuch, Lima (Peru),
23. Oktober–24. Dezember 1802[99]

Was einer sagt, sagen hier jahrhundertelang alle, besonders
wenn der erste ein Mönch war.

Reisetagebuch, Reise über den Quindío-Pass (Kolumbien),
5. Oktober 1801[100]

Das höchste Wesen hat dieses Mauerwerk [die Kirche Santa
Prisca in Taxco (Mexiko)] nicht nötig, das im Missverhält-
nis zur Kleinheit der Hütten ringsum steht, und man würde
ihm besser dienen, wenn man das Beispiel seiner Wohl-
tätigkeit nachahmen würde. Aber die Eitelkeit der Menschen liebt sichtbarere und dauerhaftere Denkmäler.

Reisetagebuch, Taxco (Mexiko),
6. April 1803[101]

»… die alten rechtmäßigen Herren des Landes«

Die Eingeborenen Amerikas

Welcher Unterschied zwischen dem freien Indio und dem der Missionen, der Sklave der priesterlichen Ansichten und Unterdrückung ist! Welche Lebhaftigkeit, welche Wissbegierde, welches Gedächtnis, welch leidenschaftlicher Drang, die spanische Sprache lernen zu wollen und sich in ihrer eigenen verständlich zu machen!

Reisetagebuch,
Flussfahrt auf dem Río Chamaya
und dem Río Marañon (Peru),
17.–23. August 1802[102]

Diese unglücklichen Indianer, die alten rechtmäßigen Herren des Landes, sind auf die höchsten und kältesten Bergrücken verwiesen, wo der Reif ihre Kartoffeln, Kohl und Zwiebeln tötet, während sie auf ihren ehemaligen Gütern in milderem Klima die schönsten Weizenähren blühen sehen. Aber so in allen Weltteilen. Unser deutscher Adel sind die Barbaren, welche in der Völkerwanderung vom Schwarzen Meere eindrangen, und die ehemaligen rechtmäßigen Besitzer sind unsere unglücklichen Bauern, welche man in Mecklenburg gar von ihren Gütern vertreibt.

Reisetagebuch, Puracé (Kolumbien),
16.–19. November 1801 [103]

Wenn man sagt, der Wilde müsse wie das Kind unter strenger Zucht gehalten werden, so ist dies ein unrichtiger Vergleich. Die Indianer am Orinoco haben in den Äußerungen ihrer Freude, im raschen Wechsel ihrer Gemütsbewegungen etwas Kindliches; sie sind aber keineswegs große Kinder, so wenig wie die armen Bauern im östlichen Europa, die in der Barbarei unseres Feudalsystems sich der tiefsten Verkommenheit nicht entringen können. [...] Die menschliche Geisteskraft ist nur dem Grad und der Entwicklung nach verschieden.

›*Äquinoktial-Gegenden*‹, *1822* [104]

Die Indianer verminderten sich durch Grausamkeiten, die man bis ins 17te Jahrhundert gegen sie ausübte, Minen von Mariquitá und S[anta] Ana, nach denen man sie schleppte, Pocken, Gebrauch als Lastvieh und im Allgemeinen, weil eine schlechte Regierung immer am schwersten die ärmste, hilfloseste Menschenklasse bedrückt.

Reisetagebuch, Reise von Bogotá nach Ibaque (Kolumbien),
8.–22. September 1801 [105]

Man sagt, dass die Indios müßig und faul sind. Jeder Mensch ist es, der die Frucht seiner Arbeit nicht genießt. [...] Ändert die Lage des Indio, lasst ihn die Früchte seiner Arbeit genießen, und er wird nicht mehr müßig sein!

Schaut auf Peru, seine Häuserruinen, prachtvolle Straßen von 3−400 Meilen Länge, Bewässerungskanäle. Die Menschen, die diese Denkmäler zurückgelassen haben, waren sicherlich weder müßig noch roh. Die Sklaverei und, was schlimmer ist als die Sklaverei, dieser Geist der Bevormundung, in die ein falsches Mitleid den Indio gebracht hat und der jeder Art der Unterdrückung die Tür geöffnet hat, haben den Indio abgestumpft.

Reisetagebuch, Lima (Peru),
23. Oktober−24. Dezember 1802 [106]

Unglückliche Abkömmlinge eines Geschlechts, das man seines Eigentums beraubte. Wo hat man Beispiele, dass eine ganze, ganze Nation alles Eigentum verlor?

Reisetagebuch, nach einem Besuch der Minen von Guanajuato
in Mexiko, über die indianischen Bergarbeiter,
7. August−10. September 1803 [107]

Die blutigen Ausschreitungen und andere, bei denen Indios zu Tode gepeitscht wurden (wovon alle Missionen Beispiele liefern), sind im Allgemeinen zu selten, um sie als Hauptursache des Unglücks der Indios anzuführen. Es ist mit ihnen wie mit den Afrikanern; man sagt, dass es ihnen gut geht, wenn man sie nicht tötet; man glaubt, dass sie durch die Gesetze geschützt sind, wenn man ihnen ohne Richter nur 25 Schläge zu geben wagt. Aber man vergisst, dass es besser ist, bei einem einzigen Mal unter den Schlägen den Geist aufzugeben, als ein trostloses Leben in die Länge zu ziehen, in dem man alle Tage geschlagen wird.

Reisetagebuch, Lima (Peru),
23. Oktober−24. Dezember 1802 [108]

Mexiko ist das eigentliche Land der Ungleichheit; denn nirgends ist sie in der Verteilung der Glücksgüter, der Zivilisation, des Anbaus und der Bevölkerung größer als hier. […] Betrachtet man die mexikanischen Indianer in Masse, so sieht man nichts als ein Gemälde großen Elends. Auf die unfruchtbarsten Ländereien verwiesen, indolent von Charakter und noch mehr infolge ihrer politischen Lage, leben die Eingeborenen eigentlich nur von einem Tag zum anderen.

› Versuch über den politischen Zustand des Königreichs Neu-Spanien ‹, Band 1, erstmals 1808 auf Französisch erschienen [109]

Keine Stadt in ganz Europa, wo man mehr Elend auf den Straßen sieht. 30–40 000 Menschen (Indios) entweder ganz nackt in eine Wolldecke gehüllt oder in Lumpen. Ein ebenso trauriger wie abstoßender Anblick. Eine Unmenge Läuse! Ungleiche Verteilung des Reichtums.

Reisetagebuch, über Mexiko-Stadt, 12. April 1803–20. Januar 1804 [110]

Die Eingeborenen haben mehr und mehr von der Charakterstärke und der natürlichen Lebendigkeit eingebüßt, die auf allen Stufen menschlicher Entwicklung die edlen Früchte der Unabhängigkeit sind. Man hat alles bei ihnen, sogar die unbedeutendsten Verrichtungen des häuslichen Lebens, der unabänderlichen Regel unterworfen, und so hat man sie gehorsam gemacht, zugleich aber auch dumm. Ihr Lebensunterhalt ist meist gesicherter, ihre Sitten sind friedfertiger geworden; aber der Zwang und das trübsinnige Einerlei des Missionsregiments lasten auf ihnen, und ihr düsteres, verschlossenes Wesen verrät, wie ungern sie die Freiheit der Ruhe zum Opfer gebracht haben.

›Äquinoktial-Gegenden‹, 1818[111]

In Tomo sagte am Fest des heiligen Antonius ein alter Indianer laut in der Sprache des Padre: »Euer Holz [Kruzifix] ist ein Götze, der niemandem nützt und ewig im Hause [der Kirche] gluckt. Cachimana ist besser, er ist im Wald, auf dem Feld, er lässt regnen und gibt, dass die Bäume Früchte tragen.«

Reisetagebuch, San Antonio de Yavita (Venezuela), 1.–4. Mai 1800[112]

Ich habe bei den sogenannten »wilden« Völkern die erhabensten Begriffe von Gott, Tugend, Freundschaft in den Anfängen ihrer Sprache gefunden, in deren tiefe Wahrheit mich hineinzudenken mir nur gelang, wenn ich mich ganz von europäischen Anschauungen, zumal von Äußerlichkeiten, im Geiste losmachte.

Zu Wilhelm Hornay, Berlin, 25. August 1857[113]

»… das größte aller Übel«

Die Sklaverei

Die Sklaverei ist ohne Zweifel das größte aller Übel, welche die Menschheit gepeinigt haben.

›Essai politique sur l'île de Cuba‹
(›Politischer Versuch über die Insel Cuba‹), 1826 [114]

Wie reich und fruchtbar auch das Feld sein mag, so sieht man auf demselben sorgfältig mit Zuckerrohr und Kaffee angepflanzte Ebenen. Aber diese Ebenen benetzt der Schweiß afrikanischer Sklaven, und das Landleben verliert allen Reiz, wenn es vom Anblick menschlichen Elends unzertrennlich ist.

›Neu-Spanien‹, Band 3,
erstmals 1811 auf Französisch erschienen [115]

Wenn der Sklavenhandel ganz aufhört, so werden die Sklaven nach und nach in die Klasse der freien Menschen übertreten, und eine aus neuen Elementen gebildete Gesellschaft wird […] in jene Bahnen übergehen, welche die Natur allen zahlreichen und aufgeklärten Gesellschaften vorgezeichnet hat.

›Politischer Versuch über die Insel Cuba‹, 1826 [116]

Eine Hacienda de Caña [Zuckerrohr], nach dem Fuß der Insel Cuba, bringt fast nichts als Zucker hervor. Ohne Fleisch von Barcelona und Buenos Aires verhungert die Insel Cuba. Sie ist abhängig von äußeren Umständen. Die Sklaven-Haciendas setzen unnatürliche Verhältnisse voraus und begründen neue, noch unnatürlichere. Was aber gegen die Natur ist, ist ungerecht, schlecht und ohne Bestand.

Reisetagebuch, Reise von Honda nach Bogotá (Kolumbien),
23. Juni–8. Juli 1801[117]

Man stöhnt auf bei dem Gedanken, dass es noch heutigen Tages auf den Antillen europäische Kolonisten gibt, die ihre Sklaven mit dem Glüheisen zeichnen, um sie wiederzuerkennen, wenn sie entlaufen. So behandelt man Menschen, die »anderen Menschen die Mühe des Säens, Ackerns und Erntens ersparen.

›Äquinoktial-Gegenden‹, 1816[118]

Sich darüber zu streiten, welche Nation die Schwarzen mit mehr Humanität behandelt, heißt, sich über das Wort Humanität lustig zu machen und fragen, ob es angenehmer ist, sich den Bauch aufschlitzen zu lassen oder geschunden zu werden.

Reisetagebuch, Guayaquil (Ecuador),
4. Januar–17. Februar 1803[119]

Don Valentin Riva in Caracas lässt seine Sklaven zur Strafe einen großen Haufen Scheiße fressen; die Damen in Caracas stechen sie nach altrömischer Sitte mit Nadeln; die Majordomi [Haus- und Grundverwalter] setzen sie nackt im nächtlichen Urwald aus, damit das Ungeziefer sie frisst. [...] Die Gesetze verbieten es nicht, und es geschieht bisweilen, dass arme oder liederliche Haciendados [Hacienda-Besitzer] den Negermüttern ihre kleinen zwei-, dreijährigen Kinder nehmen und sie dem ersten besten Vorübergehenden verkaufen. Die Negerinnen lieben ihre Kinder sehr zärtlich (überhaupt weit regere Empfindungen als Indianer), und man hat Beispiele, dass Mütter ihre Kinder morden aus Liebe, damit sie minder unglücklich als ihre Eltern werden.

Reisetagebuch, Tal des Río Tuy (Venezuela),
9.–11. Februar 1800, und Cumaná (Venezuela),
Herbst 1800 [120]

Kinder schlagen den kleinen Negerknaben mit großen Knütteln auf den Kopf. Eltern sehen lachend zu.

Reisetagebuch, Caicara (Venezuela),
9.–10. Juni 1800 [121]

Warum erlässt man nicht ein Gesetz, durch das jedem, der Negerhandel betreibt, verboten würde, französisches Territorium zu betreten, warum nicht die Ehrenrechte aberkennende Gesetze …? Warum ruft man nicht die Autorität des Papstes für die katholischen Länder an …?

Reisetagebuch, während der Überfahrt
von Guayaquil (Ecuador) nach Acapulco (Mexiko)
an Bord der Fregatte »Orue« oder »Atlantica«,
4. März 1803 [122]

Nachdem der Sklave die Woche über hart gearbeitet hat, tanzt und musiziert er am Feiertag dennoch lieber, als dass er ausschläft. Hüten wir uns, über diese Sorglosigkeit, diesen Leichtsinn hart zu urteilen; wird ja doch dadurch ein Leben voll Entbehrung und Schmerz versüßt.

›Äquinoktial-Gegenden‹, 1816[123]

Die großen Neger-Haciendas, in denen jeder Tropfen Zuckersaft Blut und Ächzen kostet …

Reisetagebuch, Reise von Honda nach Bogotá (Kolumbien), 23. Juni–8. Juli 1801[124]

Die Menschenliebe besteht nicht darin, ein wenig Stockfisch mehr und ein paar Peitschenhiebe weniger auszuteilen; eine wahre Hebung der geknechteten Klasse muss sich auf die ganze moralische und physische Stellung des Menschen erstrecken.

›Politischer Versuch über die Insel Cuba‹, 1826[125]

Gerne verbreite ich mich hier über den Landbau in den Kolonien, weil solche Angaben den Europäern dartun, was aufgeklärten Kolonisten längst nicht mehr zweifelhaft ist, dass nämlich das Festland des spanischen Amerika durch freie Hände Zucker, Baumwolle und Indigo erzeugen kann, und dass die unglücklichen Sklaven Bauern, Pächter und Grundbesitzer werden können.

›Äquinoktial-Gegenden‹, 1822[126]

Auf diesen Teil meiner Schrift [das Kapitel über die Sklaverei im ›Politischen Versuch über die Insel Cuba‹] lege ich eine weit größere Wichtigkeit als auf die mühevollen

Arbeiten astronomischer Ortsbestimmungen, magnetischer Intensitäts-Versuche oder statistischer Angaben.

*In einer Anzeige in den ›Berlinischen Nachrichten
von Staats- und gelehrten Sachen‹,
25. Juli 1856*[127]

Sklaven werden von dem Augenblicke an, wo sie preußisches Gebiet betreten, frei. Das Eigentumsrecht des Herrn ist von diesem Zeitpunkte ab erloschen.

*Von König Friedrich Wilhelm IV. von Preußen auf Initiative
Humboldts 1857 verordnetes Gesetz*[128]

III.

»Alles ist Wechselwirkung.«

Natur und Mensch

»… das Zusammen- und Ineinander-Weben
aller Naturkräfte«

Ökologie

So unabhängig, so frohen Sinnes, so regsamen Gemüts hat wohl nie ein Mensch sich jener Zone [der Tropen] genähert. Ich werde Pflanzen und Tiere sammeln, die Wärme, die Elastizität, den magnetischen und elektrischen Gehalt der Atmosphäre untersuchen, sie zerlegen, geographische Längen und Breiten bestimmen, Berge messen – aber dies alles ist nicht Zweck meiner Reise. Mein eigentlicher, einziger Zweck ist, das Zusammen- und Ineinander-Weben aller Naturkräfte zu untersuchen, den Einfluss der toten Natur auf die belebte Tier- und Pflanzenschöpfung. Diesem Zwecke gemäß habe ich mich in allen Erfahrungskenntnissen umsehen müssen. Daher die Klagen derer, welche nicht wissen, was ich treibe, dass ich mich mit zu vielen Dingen zugleich abgebe.

An David Friedländer, Madrid,
11. April 1799[129]

Nichts steht für sich allein da; chemische Prinzipien, die, wie man glaubte, nur den Tieren zukommen, finden sich in den Gewächsen gleichfalls. Ein gemeinsames Band umschlingt die ganze organische Natur.

>Äquinoktial-Gegenden‹, 1820[130]

Überall habe ich auf den ewigen Einfluss hingewiesen, welchen die physische Natur auf die moralische Stimmung der Menschheit und auf ihre Schicksale ausübt.

>Ansichten der Natur‹, 1. Auflage, 1808[131]

Eine allgemeine Verkettung nicht in einfacher linearer Richtung, sondern in netzartig verschlungenem Gewebe stellt sich allmählich dem forschenden Natursinn dar.

>Kosmos. Entwurf einer physischen Weltbeschreibung‹,
Band 1, 1845[132]

Alles ist Wechselwirkung.

Reisetagebuch, Tal von Mexiko, 1.–5. August 1803[133]

Analoge Erscheinungen erläutern sich gegenseitig in dem ewigen Haushalte der Natur; und wo nach Verallgemeinerung der Begriffe gestrebt wird, darf die enge Verkettung des als verwandt Erkannten nicht unbeachtet bleiben.

>Kosmos‹, Band 4, 1858[134]

So leiten dunkle Gefühle und die Verkettung sinnlicher Anschauungen, wie später die Tätigkeit der kombinierenden Vernunft, zu der Erkenntnis, welche alle Bildungsstufen der Menschheit durchdringt, dass ein gemeinsames, gesetzliches und darum ewiges Band die ganze lebendige Natur umschlinge.

>Kosmos‹, Band 1, 1845[135]

Hier, im Innern des Neuen Kontinents, gewöhnt man sich beinahe daran, den Menschen als etwas zu betrachten, das für die Ordnung der Natur nicht von Notwendigkeit ist.

›Äquinoktial-Gegenden‹, 1822[136]

»... dann versiegen die Quellen«

Klima, Wald und Wasser

Das Klima der Kontinente und die Wärmeabnahme in
der Luft [hängen ab von den Veränderungen], welche der
Mensch auf der Oberfläche des Festlands durch Fällen der
Wälder, durch die Veränderung in der Verteilung der
Gewässer und durch die Entwicklung großer Dampf- und
Gasmassen an den Mittelpunkten der Industrie hervor-
bringt.

> ›Central-Asien. Untersuchungen über die
> Gebirgsketten und die vergleichende Klimatologie‹, 1844.
> Auf Französisch 1843[137]

Fällt man die Bäume, welche Gipfel und Abhänge der
Gebirge bedecken, so schafft man in allen Klimazonen
kommenden Geschlechtern ein zwiefaches Ungemach:
Mangel an Brennholz und Wasser. Die Bäume sind ver-
möge des Wesens ihrer Transpiration und der Ausstrahlung
ihrer Blätter gegen einen wolkenlosen Himmel fortwährend mit einer kühlen, dunstigen Lufthülle umgeben; sie
üben einen wesentlichen Einfluss auf die Fülle der Quellen
aus, nicht weil sie, wie man so lange geglaubt hat, die in

der Luft verbreiteten Wasserdünste anziehen, sondern weil sie den Boden vor der unmittelbaren Wirkung der Sonnenstrahlen schützen und damit die Verdunstung des Regenwassers verringern.

›Äquinoktial-Gegenden‹, 1820[138]

Je länger [...] ein Land urbar gemacht wird, desto baumloser wird es in der heißen Zone, desto dürrer, desto mehr den Winden ausgesetzt [...]. Deshalb gehen die Pflanzungen in der Provinz Caracas ein und häufen sich dafür westwärts auf unberührtem, erst kürzlich urbar gemachtem Boden.

›Äquinoktial-Gegenden‹, 1818[139]

Zerstört man die Wälder, wie es die europäischen Ansiedler aller Orten in Amerika mit unvorsichtiger Hast tun, dann versiegen die Quellen oder nehmen doch stark ab. Die Flussbetten liegen einen Teil des Jahres über trocken und werden zu reißenden Strömen, sooft im Gebirge starker Regen fällt. Da mit dem Holzwuchs auch Rasen und Moos auf den Bergkuppen verschwinden, wird das Regenwasser in seinem Lauf nicht mehr aufgehalten; statt langsam durch allmähliches Einsickern die Bäche zu speisen, zerfurcht es in der Jahreszeit der starken Regenniederschläge die Berghänge, schwemmt das losgerissene Erdreich fort und verursacht plötzliche Hochwässer, welche die Felder verwüsten. Daraus geht hervor, dass die Zerstörung der Wälder, der Mangel an fortwährend fließenden Quellen und die Existenz von Torrenten [Sturzbäche] drei

Erscheinungen sind, die in ursächlichem Zusammenhang stehen.

›Äquinoktial-Gegenden‹, 1820[140]

Die Spanier haben das Wasser als Feind behandelt. Sie wollen anscheinend, dass dieses Neu-Spanien genauso trocken wie die Innenbezirke ihres alten Spaniens ist. Sie wollen, dass die Natur ihrer Moral ähnlich wird, und das gelingt ihnen nicht schlecht. [...] Der Wassermangel macht das Tal unfruchtbar, ungesund, das Salz nimmt zu, die Lufttrockenheit vergrößert sich.

Reisetagebuch, Tal von Mexiko, 1.–5. August 1803[141]

Kolumbus glaubte, der Ausdehnung und Dichtigkeit der Wälder auf den Gebirgen Jamaikas die Regen zuschreiben zu müssen, welche die Luft so lange erfrischte, als er an den Küsten dieser Insel hinsegelte. Er bemerkt [...], dass ehemals auch auf den Canaren, auf Madeira und den Azoren die Wasserfülle so groß gewesen sei; aber dass seit der Zeit, wo man die Schatten gebenden Bäume abgehauen habe, die Regen daselbst viel weniger häufig geworden seien.

›Central-Asien‹, 1844. Auf Französisch 1843[142]

Schattenkühle, Ausdünstung und Strahlung sind von so hoher Wichtigkeit, dass die Kenntnis von dem Umfange der Wälder, verglichen mit der kahlen oder gras- und krautbedeckten Oberfläche, eines der interessantesten numerischen Elemente der Klimatologie eines Landes ist. Die Seltenheit oder der Mangel der Wälder vermehrt zugleich die Temperatur und die Trockenheit der Luft, und diese Trockenheit übt, indem sie die ausdünstenden Wasserabläufe und die Kraft der Rasenvegetation vermindert, eine Rückwirkung auf das Lokal-Klima.

>Fragmente einer Geologie und Klimatologie Asiens‹, 1832.
Auf Französisch 1843[143]

Beide Umhüllungen des Planeten, Luft und Meer, bilden *ein Naturganzes*, welches der Erdoberfläche die Verschiedenheit der Klimate gibt. [...] Das Wort *Klima* bezeichnet [...] zuerst eine spezifische Beschaffenheit des Luftkreises; aber diese Beschaffenheit ist abhängig von dem perpetuierlichen [ständigen] *Zusammenwirken* einer all- und tiefbewegten, durch Strömungen von ganz entgegengesetzter Temperatur durchfurchten *Meeresfläche* mit der wärmestrahlenden *trockenen Erde*: die mannigfaltig gegliedert, erhöht, gefärbt, nackt oder mit Wald und Kräutern bedeckt ist.

>Kosmos‹, Band 1, 1845[144]

Der Ausdruck Klima bezeichnet in seinem allgemeinsten Sinne alle Veränderungen in der Atmosphäre, die unsre Organe merklich afficieren [beeinflussen]: die Temperatur, die Feuchtigkeit, die Veränderungen des barometrischen Druckes, den ruhigen Luftzustand oder die Wirkungen ungleichnamiger Winde, die Größe der elektrischen Spannung, die Reinheit der Atmosphäre oder ihre Vermengung mit mehr oder minder schädlichen gasförmigen Exhalationen, endlich den Grad habitueller [ständiger] Durchsichtigkeit und Heiterkeit des Himmels; welcher nicht bloß wichtig ist für die vermehrte Wärmestrahlung des Bodens, die organische Entwicklung der Gewächse und die Reifung der Früchte, sondern auch für die Gefühle und ganze Seelenstimmung des Menschen.

›Kosmos‹, Band 1, 1845[145]

»… unübersehbar viele Kräfte
liegen in der Natur ungenutzt«

Die Biodiversität

Je mehr die Menschenzahl und mit ihr der Preis der Lebensmittel steigen, je mehr die Völker die Last zerrütteter Finanzen fühlen müssen, desto mehr sollte man darauf sinnen, neue Nahrungsquellen gegen den von allen Seiten einreißenden Mangel zu eröffnen. Wie viele, unübersehbar viele Kräfte liegen in der Natur ungenutzt, deren Entwicklung Tausenden von Menschen Nahrung oder Beschäftigung geben könnte. Viele Produkte, die wir von fernen Weltteilen haben, treten wir in unserem Lande mit Füßen – bis nach Jahrzehnten ein Zufall sie entdeckt, ein anderer die Entdeckung vergräbt oder, was seltener der Fall ist, ausbreitet. […] Was helfen alle Entdeckungen, wenn es keine Mittel gibt, sie exsoterisch [zugänglich] zu machen.

An Wilhelm Gabriel Wegener, Berlin,
25. Februar 1789[146]

Ungleich ist der Teppich gewebt, welchen die blütenreiche Flora über den nackten Erdkörper ausbreitet: dichter, wo die Sonne höher an dem nie bewölkten Himmel emporsteigt, lockerer gegen die trägen Pole hin, wo der wiederkehrende Frost bald die entwickelte Knospe tötet, bald die reifende Frucht erhascht. Doch überall darf der Mensch sich der nährenden Pflanzen erfreuen.

›Ideen einer Physiognomik der Gewächse‹, in:
›Ansichten der Natur‹, 1. Auflage, 1808[147]

Die dem Äquator nahe Gebirgsgegend […] ist der Teil der Oberfläche unseres Planeten, wo im engsten Raum die Mannigfaltigkeit der Natureindrücke ihr Maximum erreicht.

›Kosmos‹, Band 1, 1845[148]

»Alle sind gleichmäßig zur Freiheit bestimmt.«

Menschenrechte, Politik und globales Denken

Indem wir die Einheit des Menschengeschlechts behaupten, widerstreben wir auch jeder unerfreulichen Annahme von höheren und niederen Menschenrassen. Es gibt bildsamere, höhergebildete, durch geistige Kultur veredelte, aber keine edleren Volksstämme. Alle sind gleichmäßig zur Freiheit bestimmt.

›Kosmos‹, Band 1, 1845 [149]

Das Glück der Weißen ist aufs Innigste mit der kupferfarbenen Rasse verbunden. Es wird in beiden Amerikas überhaupt kein dauerndes Glück geben, als bis diese, durch lange Unterdrückung zwar gedemütigte, aber nicht erniedrigte, Rasse alle Vorteile teilt, welche aus den Fortschritten der Zivilisation und der Vervollkommnung der gesellschaftlichen Ordnung hervorgehen.

›Neu-Spanien‹, Band 5,
erstmals 1811 auf Französisch erschienen [150]

Wenn man vom Nil zum Euphrat und Tigris übergeht, auch an die alte Zivilisation von China und Indien denkt, so wird es einem klar, dass die älteste Geistesbildung unter eben nicht sehr weißhäutigen Menschen ausgebrochen ist. Der echt weiße hellenische Stamm glänzt erst später in seiner Hoheit.

An Christian Carl Josias Bunsen, Berlin, 12. Dezember 1856[151]

Tiefes Naturgefühl spricht sich in den ältesten Dichtungen der Hebräer und Inder aus: also bei Volksstämmen sehr verschiedener, semitischer und indogermanischer Abkunft.

›Kosmos‹, Band 1, 1845[152]

Zwang als hauptsächlichstes und einziges Mittel zur Sittigung erscheint als ein Grundsatz, der bei der Erziehung der Völker und bei der Erziehung der Jugend gleich falsch ist. Wie schwach und tief gesunken auch der Mensch sein mag, keine Fähigkeit ist ganz erstorben. Die menschliche Geisteskraft ist nur dem Grad und der Entwicklung nach verschieden. Der Wilde, wie das Kind, vergleicht den gegenwärtigen Zustand mit dem vergangenen; er bestimmt seine Handlungen nicht nach blindem Instinkt, sondern nach seinem Wohl. Unter allen Umständen kann Vernunft durch Vernunft aufgeklärt werden, die Entwicklung derselben wird aber umso mehr verzögert, je mehr diejenigen, die sich zur Erziehung der Jugend oder zur Regierung der Völker berufen glauben, im hochmütigen Gefühl ihrer Überlegenheit auf die ihnen Untergebenen herabblicken und Zwang und Gewalt brauchen, statt der sittlichen Mittel, die allein keimende Fähigkeiten entwickeln.

›Äquinoktial-Gegenden‹, 1822[153]

In dem Judengesetze hat uns das Kultusministerium eben gelehrt, dass Juden nicht einmal extraordinäre Professoren der Geschichte, der heidnischen Mythologie und der orientalischen Sprachen sein können. […] Es ist ein trauriger Zustand, wenn ein ganzes Volk in seiner geistigen Bildung hoch über der des Ministeriums steht.

An Christian Carl Josias Bunsen, Sanssouci,
28. Juli 1847[154]

Welch freche Rohheit; lesen Sie unter den jetzt gesetzlichen Bestimmungen: Geometer jüdischen Glaubens können als Feldmesser vereidet werden, es soll ihnen aber vorher erklärt werden, dass sie nie vom Staate werden gebraucht werden! Welche Zeit erleben wir! Welche Schamlosigkeit!

An Alexander Mendelssohn, Potsdam, 17. November 1852[155]

Prof. [Hermann] Burmeister, dem das Ministerium vor zwei Jahren Reisegeld gab, weil es seinen Liberalismus fürchtete, hat in seiner ›Reise nach Brasilien‹ drucken lassen, die schwarze Rasse sei von der Natur bestimmt, der weißen Rasse zu dienen. Dies sind die Fortschritte der öffentlichen Moralität in Deutschland im Jahr 1856. Als einer der ältesten Freunde des großen [William] Wilberforce [des englischen Anführers im Kampf gegen den Sklavenhandel] fühle ich tief solche deutsche Schmach!

An Carl Neumann, Potsdam, 21. August 1856[156]

Mit Schaudern lese ich ja die frechen Äußerungen eines Herrn Walter in Nachklang eines Herrn Duttenhofer aus

Nördlingen von 1855 (in der Sitzung der Geographischen Gesellschaft vom 9. August 1856, Spenersche Zeitung, Beilage 21. August dieses Jahres), nach welchen die Emanzipation der Neger ein ihnen selbst angetanes Unrecht sei, da die Neger, erwiesen am physiologischen und anatomischen Standpunkte!! eine eigene Menschenspecies sind.

An Carl Neumann, Potsdam,
21. August 1856[157]

Da ich vier Jahre lang in den Ländern der Sklaverei in beiden Amerika häufige Berührung mit der schwarzen Rasse hatte, bin ich sehr weit davon entfernt zu glauben, »dass [wie Sie in Ihrem Buch ›Essai sur l'inegalité des races humaines‹ (Paris 1853–1855) schreiben] der Neger wegen seiner stumpfen Geisteshaltung unfähig ist, sich über das bescheidene Niveau zu erheben, von dem Augenblick an, wo er nachdenken und kombinieren muss«.

An Arthur de Gobineau, Berlin,
24. Dezember 1854[158]

Die Idee der Menschlichkeit [ist] das Bestreben, die Grenzen, welche Vorurteile und einseitige Ansichten aller Art feindselig zwischen die Menschen gestellt [haben], aufzuheben und die gesamte Menschheit ohne Rücksicht auf Religion, Nation und Farbe, als Einen großen, nahe verbrüderten Stamm, als ein zur Erreichung Eines Zweckes, der *freien Entwicklung innerlicher Kraft*, bestehendes Ganzes zu behandeln.

›Kosmos‹, Band 1, 1845.
Alexander zitiert hier seinen Bruder Wilhelm.[159]

Wer die Resultate der Naturforschung nicht in ihrem Verhältnis zu einzelnen Stufen der Bildung oder zu den individuellen Bedürfnissen des geselligen Lebens, sondern in ihrer großen Beziehung auf die gesamte Menschheit betrachtet, dem bietet sich, als die erfreulichste Frucht dieser Forschung, der Gewinn dar, durch Einsicht in den Zusammenhang der Erscheinungen den Genuss der Natur vermehrt und veredelt zu sehen.

›Kosmos‹, Band 1, 1845[160]

Ideen können nur nützen, wenn sie in vielen Köpfen lebendig werden.

An Ludwig Bollmann, Cumaná (Venezuela),
15. Oktober 1799[161]

Wissen und Erkennen sind die Freude und die *Berechtigung* der Menschheit; sie sind Teile des National-Reichtums, oft ein Ersatz für die Güter, welche die Natur in allzu kärglichem Maße ausgeteilt hat. Diejenigen Völker, welche an der allgemeinen industriellen Tätigkeit, in der Anwendung der Mechanik und technischen Chemie, in sorgfältiger Auswahl und Bearbeitung natürlicher Stoffe zurückstehen, bei denen die Achtung einer solchen Tätigkeit nicht alle Klassen durchdringt, werden unausbleiblich in ihrem Wohlstande herabsinken. Sie werden es umso mehr, wenn benachbarte Staaten, in denen Wissenschaften und industrielle Künste in regem Wechselverkehr miteinander stehen, wie in erneuter Jugendkraft vorwärtsschreiten.

›Kosmos‹, Band 1, 1845[162]

Pflege der jungen Generation kann einem Staate den wissenschaftlichen Ruhm sichern für die Zukunft.

An Johann Albrecht Friedrich Eichhorn, Berlin,
7. Juni 1846[163]

Vervollkommnung des Landbaus durch freie Hände und in Grundstücken vom minderem Umfang, Aufblühen von Manufakturen, von einengendem Zunftzwange befreit, Vervielfältigung der Handelsverhältnisse, und ungehindertes Fortschreiten der geistigen Kultur der Menschheit, wie in bürgerlichen Einrichtungen, stehen […] in gegenseitigem, dauernd wirksamen Verkehr miteinander.

›Kosmos‹, Band 1, 1845[164]

Gleichmäßige Würdigung aller Teile des Naturstudiums ist aber vorzüglich ein Bedürfnis der gegenwärtigen Zeit, wo der materielle Reichtum und der wachsende Wohlstand der Nationen in einer sorgfältigeren Benutzung von Naturprodukten und Naturkräften gegründet sind. Der oberflächlichste Blick auf den Zustand des heutigen Europas lehrt, dass bei ungleichem Weltkampfe oder dauernder Zögerung notwendig partielle Verminderung und endlich Vernichtung des National-Reichtums eintreten müsse.

›Kosmos‹, Band 1, 1845[165]

Nichts ist mir unerträglicher als die klugen Fürsten, die anderen Menschen vordenken wollen.

An Wilhelm Gabriel Wegener, Castleton (England),
15. Juni 1790[166]

Unter allen wirklich bestehenden Regierungsformen, in Republiken wie in gemäßigten Monarchien, müssen Verbesserungen, wenn sie hilfreich sein sollen, allmählich und fortschreitend eingeführt werden.

›Äquinoktial-Gegenden‹, 1831[167]

Die Völker haben das Recht, gut regiert zu werden.

An König Maximilian II. von Bayern, Berlin,
3. November 1848[168]

Immer nach außen strebend, fühlt doch niemand mehr als ich Bewunderung für das, was der Mensch aus seiner eigenen Tiefe und Fülle schöpft und hervorbringt. Aber was kann meine Stimme, was soll sie in Deutschland bewirken? Die Wahrheit strahlt endlich doch durch die Finsternis durch, und wir haben ja das Glück, einer Nation anzugehören, deren Geistestätigkeit mit jedem Jahrzehnt neu beflügelt scheint.

An Friedrich Wilhelm Joseph Schelling, Paris,
1. Februar 1805[169]

Nur die unglückliche Lage meines Vaterlandes und die meiner Familie werden mein langes Stillschweigen bei Ihnen, teurer Freund, rechtfertigen können. Briefe sind jetzt wie Landschaften, in denen der Zeichner keinen Baum, kein Wasser und keinen Hügel anbringen soll, und Ihnen zeigte man gern ein anmutigeres Gemälde! Aber auch diese Epoche wird vorübergehen und ewig wechselnd auf dem Erdboden sich Neues aus dem Neuen

gestalten. [...] Warum blieb ich nicht in den Wäldern am
Orinoco oder auf dem hohen Rücken der Andenkette?

Über die Napoleonischen Kriege, an Johann Friedrich Cotta,
Berlin, 14. Februar 1807[170]

Mögen jene Keime bürgerlicher Zwietracht, welche drei
Jahrhunderte hindurch zur Sicherung der Herrschaft des
Mutterlandes ausgestreut worden sind, allmählich ersti-
cken, und möge das produzierende und handeltreibende
Europa sich vollends davon überzeugen, dass eine Verlän-
gerung der politischen Stürme in der Neuen Welt ihm
selbst Schaden zufügen würde.

›Äquinoktial-Gegenden‹, 1831[171]

Die sich entwickelnden Gesellschaften [der unabhängigen
lateinamerikanischen Staaten] besitzen etwas vom Reize
der Jugend; sie haben die Frische ihrer Gefühle, ihr naives
Vertrauen und selbst ihre Leichtgläubigkeit: Sie bieten der
Phantasie ein anziehenderes Schauspiel als der finstere
Unmut und der argwöhnische Ernst jener alten Völker,
bei denen alles verbraucht erscheint, ihr Glück, ihre Hoff-
nungen und selbst ihr Glaube an die menschliche Vervollkommnung! [...] Das Gefühl der gemeinsamen Gefahr
hat engere Bande zwischen Menschen verschiedener Rasse geknüpft.

›Äquinoktial-Gegenden‹, 1831[172]

Seit vierzig Jahren sehe ich in Paris die Gewalthaber wech-
seln, immer fallen sie durch eigene Untüchtigkeit, immer
treten neue Versprechungen an die Stelle, aber sie erfüllen

sich nicht, und derselbe Gang des Verderbens beginnt auf's Neue. Ich habe die meisten der Männer des Tages gekannt, zum Teil vertraut, es waren ausgezeichnete, wohlmeinende darunter, aber sie hielten nicht aus, bald waren sie nicht besser als ihre Vorgänger, oft wurden sie noch größere Schufte. Keine Regierung hat bis jetzt dem Volke Wort gehalten, keine ihre Selbstsucht dem Gemeinwohl untergeordnet. Solange das nicht geschieht, wird keine Macht in Frankreich dauernd bestehen. Die Nation ist noch immer betrogen worden, und sie wird wieder betrogen. Dann wird sie auch wieder den Lug und Trug strafen, denn dazu ist sie reif und stark genug.

Zu Eduard Gans, Berlin,
nach der Julirevolution 1830[173]

Die alten Autoritäten sind morschgebrochen und die neuen sollen sich erst bilden. […] Umso wichtiger ist es für edlere deutsche Fürsten die inneren Bande mit dem Volke fester und vertrauensvoller zu schürzen. Neben dem politischen Wirrwarr, Krankheit und Hunger. Man kann allerdings der neueren Kultur Kräfte der Vernunft und eine Milde zutrauen, die der älteren Kultur fehlte, aber nicht personifizierte Kräfte wirken leider massenhaft, nicht ausgleichend und dem rohen Zufall ergeben.

Über die Märzrevolution, an Georg von Cotta, Berlin,
20. März 1848[174]

Ich erfreue mich fortgesetzt einer großen Wertschätzung bei den unteren Klassen der Gesellschaft. Ich habe teilgenommen an den allgemeinen Wahlen zum Handwerksverein (das ist deutsch: Vereinigung von Arbeitern), aber obgleich seit Langem für [die deutsche Nationalversammlung in] Frankfurt benannt, habe ich erklärt, nicht anzunehmen.

An François Arago, Sanssouci, 16. Mai 1848[175]

Alle Geschäfte mit mir sind an zwei unvermeidliche und drohende Bedingungen geknüpft: an das Uralter von fast 80 Jahren des Arbeitenden und an die langsame Wiederaufnahme des Wohlstandes, der politischen Ruhe des wahrhaft wissenschaftlichen Interesses. Ich glaube, dass bei der sehr deutschen Gesinnung meines Königs und seiner großen Mäßigung [...] man weniger schwarz in die Zukunft sehen kann.

An Georg von Cotta, Berlin, 25. Februar 1849[176]

Pflichten entstehen aus Grundsätzen, die tief in mir gewurzelt liegen, da man dem Staate recht eigentlich dient, wenn man zur Milde anregt.

An Friedrich Wilhelm Höninghaus, Berlin,
19. Mai 1837[177]

Ich glaube an viele grobe Proteste, aber an keinen Krieg. Es ist eine schmachvolle Zeit, nicht von den Völkern, sondern von den Fürsten bereitet.

An Georg von Cotta, Potsdam, 6. Oktober 1850[178]

Ich habe den Mut zu meinen freiheitsliebenden Ansichten bewahrt! Das Leben an den Höfen wird mich nicht herabwürdigen können. Ebenso hat der Missbrauch, den man mit demokratischen Gesinnungen getrieben hat, mich nicht von meinen alten Prinzipien ablenken können. Ich fühle lebhaftes Bedauern über die politische Lage in Amerika: Für ein Volk ist es leichter, die Unabhängigkeit zu erlangen als die Freiheit. Auch in Europa gehen die Fortschritte der Freiheit ziemlich schleppend voran.

An Aimé Bonpland, Paris, vor dem 19. Februar 1843[179]

Die Freiheit ist süß, aber unbequem.

An Johann Franz Encke, Berlin, 14. September 1848[180]

… Liberalismus, den ich seit einem halben Jahrhundert bekenne …

An Georg von Cotta, Berlin, 12. April 1847[181]

Die drakonischen Presszwangsgesetze von denen leider Preußen das Beispiel gegeben, werden auch auf das Buchhandelsgeschäft lähmend wirken!

An Georg von Cotta, Berlin, 19. Juni 1850[182]

[Im Falle der Zensur] haben Sie es mit dem Unverstande zu tun, der schwer zu besiegen ist. Aber – ich bin alt – Sie sind noch jung; Sie werden es erleben, dass die ganze hiesige Wirtschaft ein schmähliches Ende nimmt. Der große Fehler in der deutschen Geschichte ist, dass die Bewegung des Bauernkrieges nicht durchgedrungen ist.

Zu Julius Fröbel, Berlin, 24. Mai 1843[183]

Ich erlaube mir nie das Recht, die individuelle Freiheit zu beschränken.

An Robert Remak, Potsdam, 21. Juni 1847[184]

Der König [Friedrich Wilhelm IV. von Preußen] ist ganz zufrieden, dass er in kirchlichen Sachen ungehindert mantschen kann, die gelten als vom Staate getrennt, da hat kein Minister einzureden.

Zu Karl August Varnhagen von Ense, ohne Ort,
9. September 1853[185]

Der schlechteste Kerl in der ganzen Wirtschaft ist der Geheime Rat N[iebuhr], ein niedriger Schleicher, Duckmäuser, voll Hass und Gift. Die [Pauline Viardot-] García kann hier nicht singen, sagte er vor einiger Zeit, dazu ist sie zu rot. Alle Vorstellungen, dass der Gesang nicht rot sein werde, waren vergebens, ich sagte ihm zuletzt, nun, so schicken Sie nach Bethanien, und lassen Sie die Diakonissinnen singen. Er wird glücklich sein, mich unter der Erde zu sehen.

Zu Karl August Varnhagen von Ense, ohne Ort,
9. September 1853[186]

Man wird uns das Staatsbürgertum dereinst bereiter zugestehen, als [es] jetzt jenseits des Kanals und des Meeres der Fall ist: Arbeiten wir unablässig, verlieren wir nie das Zutrauen zu den nützlichen Erfolgen der Forschung, unterwerfen wir uns nie einem die Freiheit des Gedankens schmälernden Einflusse.

Zu Wilhelm Hornay, Potsdam, 27. August 1857[187]

Die rein monarchistische Regierung hat ihrer Natur nach das Eigentümliche, dass in ihr eine Persönlichkeit des Herrschers der Individualität, gleichsam der Persönlichkeit des Volkes begegnet. Die Meinung, oder wie man edler sagt, die Liebe des Volkes hängt aber vom Vertrauen ab in die geistige Begabtheit des Herrschers, in seinen hohen Sinn. [...] Sie gehören der jetzigen Welt an, und das Völkerleben kann nicht gefesselt zum Stillestehen gebannt sein. Der Keim fortschreitender Entwicklung ist, auch auf göttliches Geheiße, der Menschheit eingepflanzt. Die Weltgeschichte ist der bloße Ausdruck einer vorbestimmten Entwicklung.

An König Friedrich Wilhelm IV. von Preußen,
Berlin, Silvester 1841[188]

Der König tut, was er grade will, was aus seinen frühbefestigten Vorstellungen sich entwickelt, und der Rat, den er allenfalls anhört, gilt ihm nichts.

Zu Karl August Varnhagen von Ense, Berlin, 18. März 1843[189]

Die Vernunft unserer westlichen Nachbarn wird dieses Jahrhundert überleben, aber Deutschland wird noch lange anstaunen, prüfen, vorbereiten – und den entscheidenden Augenblick versäumen.

An Samuel Thomas Soemmering, Hamburg,
28. Februar 1791[190]

Es ist in England mit der Freiheit wie mit gesunden Zähnen. Man spricht nicht davon, und denkt daran, dass man sie hat; man gebraucht sie als natürliche, selbstverständliche Werkzeuge des täglichen Lebens. Hier beginnt dann plötzlich die Reflexion wieder, weil die Zähne zu schmerzen anfangen.

Zu Friedrich Althaus, Berlin, 30. Juli 1856[191]

»... Werk meines Lebens«

Humboldts ›Kosmos‹

Ich habe den tollen Einfall, die ganze materielle Welt, alles, was wir heute von den Erscheinungen der Himmelsräume und des Erdenlebens, von den Nebelsternen bis zur Geographie der Moose auf den Granitfelsen, wissen, alles in einem Werke darzustellen, das zugleich in lebendiger Sprache anregt und das Gemüt ergötzt. Jede große und wichtige Idee, die irgendwo aufgeglimmt, muss neben den Tatsachen hier verzeichnet sein.

An Karl August Varnhagen von Ense, ohne Ort, 27. Oktober 1834[192]

Ein Werk, dessen Bild in unbestimmten Umrissen mir ein halbes Jahrhundert lang vor der Seele schwebte.

›Kosmos‹, Band 1, 1845[193]

Ich bitte Sie inständigst, nie einen Augenblick daran zu zweifeln, dass ich das Werk mit Liebe *für Sie* bearbeite. Die Gefahr, mit einem Menschen sich einzulassen, der halb fossil, und 1769 geboren ist, kenne ich sehr wohl — aber auch auf diesen Umstand, mit sehr ruhigem Gemüte hindeutend, werde ich *für Sie* sorgen. [...] Das Werk ist die gewissenhafteste meiner Arbeiten, es enthält sehr wichtige und neue Ansichten. Es ist ein Schwert in der Brust, das nun herausmuss. Ich gehe keine Nacht vor halb drei zu Bette.

An Georg von Cotta, Berlin, 28. Februar 1838[194]

… Werk meines Lebens …

An Friedrich Wilhelm Bessel, Paretz, 14. Juli 1833[195]

Ohne den ernsten Hang nach der Kenntnis des Einzelnen kann alle große und allgemeine Weltanschauung nur ein Luftgebilde sein.

›Kosmos‹, Band 1, 1845[196]

Was mir den Hauptantrieb gewährte, war das Bestreben, die Erscheinungen der körperlichen Dinge in ihrem allgemeinen Zusammenhang, die Natur als ein durch innere Kräfte bewegtes und belebtes Ganzes aufzufassen.

›Kosmos‹, Band 1, 1845[197]

Die Natur ist für die denkende Betrachtung Einheit in der Vielheit, Verbindung des Mannigfaltigen in Form und Mischung, Inbegriff der Naturdinge und Naturkräfte, als ein lebendiges Ganzes.

›Kosmos‹, Band 1, 1845[198]

Im wundervollen Gewebe des Organismus, im ewigen Treiben und Wirken der lebendigen Kräfte führt jedes tiefere Forschen an den Eingang neuer Labyrinthe.

›Kosmos‹, Band 1, 1845[199]

»Zusammenwirken der Kräfte«

Naturbetrachtung

Das höchste Ziel aller Naturbetrachtung kann nur erreicht werden durch klare Erkenntnis unserer eigenen Natur.

›Zehnte Kosmos-Vorlesung‹, Berlin, 1828[200]

Die Natur aber ist das Reich der Freiheit.

›Kosmos‹, Band 1, 1845[201]

Die Natur muss gefühlt werden; wer nur sieht und abstrahiert, kann ein Menschenalter, im Lebensgedränge der glühenden Tropenwelt, Pflanzen und Tiere zergliedern, er wird die Natur zu beschreiben glauben, ihr selbst aber ewig fremd sein. In der Fähigkeit, die Natur zu fühlen, liegen Heil und Unheil gepaart. Schweifen die Gefühle wild umher, so entstehen Naturträume, die Pest dieser letzten Zeiten!

An Johann Wolfgang von Goethe, Jena, 3. Januar 1810[202]

Das Sein wird in seinem Umfang und inneren Sein vollständig erst als ein Gewordenes erkannt.

›Kosmos‹, Band 1, 1845[203]

Die Dauer der Welt [...] lässt sich nur denken ohne Anfang und Ende.

Zu Friedrich Althaus, Berlin, 5. Februar 1850[204]

Die Welt der Pflanzen insbesondere enthüllt das stille Treiben der Natur, die seit Jahrhunderten dieselben Organe entfaltet, und noch keinen Frühling ohne Blumen ließ.

›Achte Kosmos-Vorlesung‹, Berlin, 1828[205]

Die geographische Verbreitung der Tiere ist derjenigen der Pflanzen ähnlich und steht im Verhältnis mit dem Klima und der Natur des Bodens.

‹Neunte Kosmos-Vorlesung›, Berlin, 1828[206]

Überblick der Natur im Großen, Beweis von dem Zusammenwirken der Kräfte, Erneuerung des Genusses, welchen die unmittelbare Ansicht der Tropenländer dem fühlenden Menschen gewährt, sind Zwecke, nach denen ich strebe.

Vorwort, in: ›Ansichten der Natur‹, 1. Auflage, 1808[207]

Naturschilderungen wirken stärker oder schwächer auf uns ein, je nachdem sie mit den Bedürfnissen unserer Empfindung im Einklang stehen. Denn in dem innersten, empfänglichsten Sinne spiegelt lebendig und wahr sich die physische Welt.

›Ueber die Wasserfälle des Orinoco bei Atures und Maypures‹, in: ›Ansichten der Natur‹, 1. Auflage, 1808[208]

Unsere Einbildungskraft wird nur vom Großen stark angeregt, und so ist es Sache der Naturphilosophie, beim Kleinen zu verweilen.

›Äquinoktial-Gegenden‹, 1822 [209]

All unser Naturwissen ist gegründet auf mathematisches Wissen und auf Kenntnis der Stoffe. Das Erste wurzelt durch Plato in Pythagoras, das Zweite durch die medizinisch-chemischen Araber, durch Dioscorides, der destillierte, durch Aristoteles, den Beobachter organisch ausgebildeter Stoffe, in der Physiologischen Schule der Ionier.

An Johann Franz Encke, ohne Ort,
Anfang 1847 [210]

Ich glaube nicht, dass man den Gebrauch der Vernunft oder gar das Wort Naturphilosophie verpönen darf, man muss nur dem Worte durch bessere Anwendung der Vernunft zu Ehren helfen. Das Anordnen des Empirischen nach Ideen ist eine erlaubte Naturphilosophie, das Schaffen aus bloßen Ideen, ohne empirisches Substrat, ist eine verderbliche.

An Christian Gottfried Ehrenberg, Teplitz,
28. Juli 1836 [211]

Der Mensch kann auf die Natur nicht einwirken, sich keine ihrer Kräfte aneignen, wenn er nicht die Naturgesetze, nach Maß- und Zahlverhältnissen, kennt.

›Kosmos‹, Band 1, 1845 [212]

Die organische Natur gibt jedem Erdstrich seinen eigenen physiognomischen Charakter; nicht so die unorganische, da, wo die feste Rinde des Erdkörpers von der Pflanzendecke entblößt ist.

›Ueber den Bau und die Wirkungsart der Vulkane
in den verschiedenen Erdstrichen‹,
in: ›Ansichten der Natur‹, 1. Auflage, 1808[213]

Wenn man die Natur als erhebend, lindernd auf das Gemüt einwirkend und heilend betrachtet, nicht als Gegenstand der Untersuchung, so sind die allgemeinsten Bedingnisse, blauer Himmelsduft, eine wogende Wasserfläche und das Grün der Bäume, die allein wirksamen Kräfte. Was individueller einer Gegend angehört, ist in solcher Gemütsstimmung zu entbehren, ja es ist oft störend, wenn der stille Naturgenuss, gleichsam unbewusst, unbemerkt die freie Entwicklung unserer Gefühle und Ideen begleiten soll.

An Wilhelm von Humboldt, St. Petersburg,
7./19. Mai 1829[214]

Der Einfluss der physischen Welt auf die moralische, das geheimnisvolle Ineinanderwirken des Sinnlichen und Außersinnlichen gibt dem Naturstudium, wenn man es zu höheren Gesichtspunkten erhebt, einen eigenen, noch zu wenig erkannten Reiz.

›Ideen einer Physiognomik der Gewächse‹,
in: ›Ansichten der Natur‹, 1. Auflage, 1808[215]

So sterben dahin die Geschlechter der Menschen. Es verhallt die rühmliche Kunde der Völker. Doch wenn jede Blüte des Geistes welkt, wenn im Sturm der Zeiten die

Werke schaffender Kunst zerstieben, so entsprießt ewig neues Leben aus dem Schoße der Erde. Rastlos entfaltet ihre Knospen die zeugende Natur: unbekümmert, ob der frevelnde Mensch (ein nie versöhntes Geschlecht) die reifende Frucht zertritt.

›Ueber die Wasserfälle des Orinoco bei Atures und Maypures‹, in: ›Ansichten der Natur‹, 1. Auflage, 1808[216]

»Anregungsmittel zum Naturstudium«

Die Landschaftsmalerei

Die Anregungsmittel sind [...] von dreierlei Art: ästhetische Behandlung von Naturszenen, in belebten Schilderungen der Tier- und Pflanzenwelt, ein sehr moderner Zweig der Literatur, Landschaftsmalerei, besonders insofern sie angefangen hat, die Physiognomik der Gewächse aufzufassen; mehr verbreitete Kultur von Tropengewächsen und kontrastierende Zusammenstellung exotischer Formen [in Gewächshäusern].

›Kosmos‹, Band 2, 1847[217]

Um die Natur in ihrer ganzen erhabenen Größe zu schildern, darf man nicht bei den äußern Erscheinungen allein verweilen; die Natur muss auch dargestellt werden, wie sie sich im Innern des Menschen abspiegelt, wie sie durch diesen Reflex bald das Nebelland physischer Mythen mit anmutigen Gestalten füllt, bald den edlen Keim darstellender Kunsttätigkeit entfaltet.

›Kosmos‹, Band 2, 1847[218]

Wie eine lebensfrische Naturbeschreibung, so ist auch die Landschaftsmalerei geeignet, die Liebe zum Naturstudium zu erhöhen. [...] Beide sind fähig, [...] das Sinnliche an das Unsinnliche anzuknüpfen. Das Streben nach einer solchen Verknüpfung bezeichnet das letzte und erhabenste Ziel der darstellenden Künste.

›Kosmos‹, Band 2, 1847[219]

Jede Vegetationszone hat außer den ihr eigenen Vorzügen auch ihren eigentümlichen Charakter. [...] So gibt es auch eine Naturphysiognomie, welche jedem Himmelsstrich ausschließlich zukommt. Was der Künstler mit den Ausdrücken Schweizernatur, italienischer Himmel bezeichnet, gründet auf das dunkle Gefühl dieses lokalen Naturcharakters. Himmelsbläue, Wolkengestaltung, Duft, der auf der Ferne ruht, Saftfülle der Kräuter, Glanz des Laubes, Umriss der Berge: sind die Elemente, welche den Totaleindruck einer Gegend bestimmen. Diesen aufzufassen und anschaulich wiederzugeben, ist die Aufgabe der Landschaftsmalerei. Dem Künstler ist es verliehen, die Gruppen zu zergliedern, und unter seiner Hand löst sich [...] das große Zauberbild der Natur, gleich den geschriebenen Werken der Menschen, in wenige einfache Züge auf.

›Kosmos‹, Band 2, 1847[220]

Der Begriff des Naturganzen, das Gefühl der Einheit und des harmonischen Einklangs im Kosmos werden umso lebendiger unter den Menschen, als sich die Mittel vervielfältigen, die Gesamtheit der Naturerscheinungen zu anschaulichen Bildern zu gestalten.

›Kosmos‹, Band 2, 1847[221]

IV.

*»… mein oft sehr unliterarisches,
fledermausartiges Leben«*

Bekenntnisse eines Unruhigen

»… meine geschäftlose Geschäftigkeit«

Selbstauskünfte

Das wenige, was ich habe leisten können und bis zum letzten Atemzuge zu leisten streben werde, gehört nicht mir, sondern der Zeit, in der ich gelebt und deren Bedürfnisse ich sorgsam zu erspähen gesucht habe.

An die Gesellschaft für Erdkunde zu Berlin, Berlin,
20. Oktober 1849 [222]

Ich suche keine Schwierigkeiten des Lebens, schrecke aber auch vor keiner zurück.

An Job von Witzleben, Berlin, 7. September 1828 [223]

Sie kennen meine geschäftlose Geschäftigkeit, dies Treiben und Laufen, was mich immer beginnen und nie vollenden lässt.

An Friedrich von Schuckmann, Jena, 14. Mai 1797 [224]

Geboren 1769, werde ich eine Welt verlassen, die ich durch tausend unfruchtbare Versuche verwirrt habe, um sie zu verbessern.

An Michail Semjonovič Graf Woronzov, Berlin, 23. Mai 1851 [225]

Ich habe mir niemals Illusionen gemacht über mein wissenschaftliches Verdienst. Ich bin weit unter dem geblieben, was ich hätte sein können, weil ich meine Kräfte nicht zu konzentrieren vermochte. Meine Lebensumstände, die Verbindung mit zwei Kontinenten, mit berühmten Männern, während mehr als eines halben Jahrhunderts, haben mich weit mehr geformt als meine Arbeiten, die sehr unvollständig geblieben sind.

An Joseph-Louis Gay-Lussac, Paris, 8. Dezember 1842[226]

So sorgfältig auch unsere literarische Erziehung war, so ward doch alles, was auf Naturkunde und Chemie Bezug hatte, in derselben vernachlässigt. Kleinlich scheinende Umstände haben oft den entscheidenden Einfluss auf ein tätiges Menschenleben, und so muss man die Spuren wichtiger Ereignisse oft in diesen Umständen suchen.

Reisetagebuch, Bogotá (Kolumbien), 4. August 1801[227]

Jeder Mensch soll sich in die Position begeben, in der er glaubt, auf seine Weise am nützlichsten zu sein, und ich glaube, dass ich entweder an einer Krateröffnung ums Leben kommen oder von den Wellen des Meeres verschlungen werden sollte.

An Jean Baptiste Joseph Delambre, Mexiko-Stadt, 29. Juli 1803[228]

Ich habe den Grundsatz, dass, wenn man auf andere wirken soll, man immer tun muss, als zweifle man nicht an dem guten Willen der Mitwirkenden.

An Friedrich Wilhelm Bessel, Berlin, 12. Dezember 1828[229]

Dem Grabe so nahe, muss ich den Entwicklungsprozess der Menschheit seit 1789 etwas langsam finden, aber an lange kosmische Perioden gewöhnt, entwöhne ich mich, an dem Maßstabe unserer kurzen Lebensdauer zu haften.

An Carl Ferdinand Friedrich von Werder, Potsdam,
16. Juni 1851 [230]

Unter sehr einfachen Verhältnissen lebend, fand ich wenige Menschen, mit denen ich ganz harmonierte, viele aber, die mich liebten, und denen ich fühlte, etwas zu sein. Dabei entwickelt sich denn am meisten unser Inneres. Man empfindet, dass man sich selbst etwas wert ist, wenn man es anderen wird, man wird gleichgültiger für äußere Verhältnisse, deren Wechsel einen weniger trifft, empfänglicher für moralische Eindrücke und schafft sich gleichsam eine innere Welt, in der man tätig und glücklich lebt.

An Joachim Heinrich Campe, Berlin,
17. Mai 1792 [231]

Zudringlichkeit zu Männern, die ich hochschätze, ist einer meiner Hauptfehler.

An Dietrich Ludwig Gustav Karsten, Hamburg,
7. September 1790 [232]

Wo es auf guten Willen, Betriebsamkeit und Fleiß ankommt, kann ich leisten, was man verlangt, aber den Erwartungen, die man sich von meinen Kenntnissen macht, denen kann ich nicht entsprechen.

An Dietrich Ludwig Gustav Karsten, Freiberg,
25. August 1791 [233]

Ich liebe es im Ganzen nicht, Aussprüche von geistreichen Menschen zu zitieren.

An Heinrich Berghaus, o. O. und D., wohl 14. Februar 1836[234]

Das unergründliche Pfuschen ist mir ein Gräuel.

An August Boeckh, Potsdam, Oktober 1851[235]

Diesen Brief müssen Sie an niemand zeigen, wie er zu viel Wahres enthält.

An Heinrich Brugsch, Potsdam, 24. November 1852[236]

Voller Unruhe und Erregung, freue ich mich nie über das Erreichte, und ich bin nur glücklich, wenn ich etwas Neues unternehme, und zwar drei Sachen mit einem Mal. In dieser Gemütsverfassung moralischer Unruhe, Folge eines Nomadenlebens, muss man die Hauptursachen der großen Unvollkommenheit meiner Werke suchen. Ich bin viel nützlicher durch die Sachen und Fakten geworden, von denen ich berichtet habe, durch die Ideen, die ich bei anderen habe entstehen lassen, als durch Werke, die ich selbst publiziert habe.

›*Meine Bekenntnisse*‹, *3. Januar 1806*[237]

Was ich am meisten fürchte, ist der Ruf der Feigheit.

An Carl Friedrich Gauß, Berlin, 6. März 1854[238]

Ich gehöre zu denen, welche tief von der Überzeugung durchdrungen sind, dass man sich nie ganz in die physische und psychische Lage geliebter Personen versetzen kann, dass also Entschlüsse, wenn sie so fest gefasst scheinen und von einem geistreichen, welterfahrenen Manne nach langsamer Überlegung ausgehen, gewiss vernunftmäßig sind.

An Heinrich von Bülow, Berlin, 20. April 1840[239]

Ich habe mir mein Leben lang etwas darauf eingebildet, unter den Sterblichen derjenige zu sein, der am höchsten in der Welt gestiegen ist – ich meine am Abhang eines Berges, am Abhang des Chimborazo!

An Heinrich Berghaus, ohne Ort,
25. November 1828[240]

… Alter vom Berge …

Selbstbezeichnung in mehreren Briefen
ab 1853 in Anspielung auf seinen Versuch,
den Chimborazo zu besteigen[241]

Ich bin von ungleicher, bizarrer Stimmung, häufig sehr exigeant, niemals aber böse.

An Aimé Bonpland, Lyon, 21. März 1805[242]

Ich bin wie die Menschen, die ihre Fragen kurz einrichten, um bald die erwünschte Antwort zu haben.

An Wilhelm Gabriel Wegener, Berlin,
27. Dezember 1788[243]

Es gibt niemanden am Orinoco, der höflicher ist als ich.

An Platon Čichačev, Paris, wohl 1841[244]

... ein an den Höfen zahm gewordener Wald-Mensch vom Orinoco ...

An Christian Carl Josias Bunsen, Berlin,
12. Dezember 1856[245]

... mein oft sehr unliterarisches, fledermausartiges Leben, dessen Unruhe durch die Eisenbahn noch vermehrt wird ...

An Heinrich Christian Schumacher, Berlin,
26. Oktober 1839[246]

... meine freie Waldnatur ...

An Georg von Cotta, Berlin, 9. März 1840[247]

Das Schwierige erscheint mir nie unmöglich.

An König Friedrich Wilhelm IV. von Preußen, ohne Ort,
25. April 1849[248]

Ich habe mich nie geschämt, zu fragen, auch nicht in den einfachsten Dingen!

An Christian Rümker, Berlin, 17. Januar 1855[249]

Ich lebe, weil ich arbeite, und durch nächtliche Arbeitsamkeit.

An Sir John Herschel, Berlin, 6. Mai 1855[250]

Sie wissen, dass ich leider zwei widersprechende Eigenschaften verbinde: Unordnung und Ängstlichkeiten in Geldsachen.

An Alexander Mendelssohn, ohne Ort, 24. Dezember 1851[251]

Es eilt nicht, aber ich bin unbescheiden im Quälen.

An Christian Gottfried Ehrenberg, Berlin,
nach 1830 [252]

Ich werde sogleich einige Zeilen aus Ihrem Briefe an
Arago schicken, versteht sich, ohne von meinem dogma-
tischen Brei etwas hinzuzutun.

An Christian Gottfried Ehrenberg, Potsdam,
Dezember 1845 [253]

Alles was ich unternehme, führe ich mit Begeisterung aus.

An Alexander Baron von Rennenkampf, Paris,
7. Januar 1812 [254]

… Geschichtsschreiber der Kolonien …

›Äquinoktial-Gegenden‹, 1831 [255]

Sie sollten wissen, dass ich ein Fluss bin, ungefähr 350 Meilen lang. Ich habe nicht viele Nebenflüsse, aber ich bin
reich an Fischen.

Zu Theodore S. Fay, einem Mitglied der
US-amerikanischen Botschaft in Berlin, 1848,
als er durch einen Brief aus den USA erfahren hatte,
dass dort ein Fluss nach ihm benannt worden war. [256]

Sie wundern sich vielleicht über meine Salamandernatur,
die es mir möglich macht, in so großer Wärme zu arbeiten. Es ist keine Vorliebe von mir, sondern die Notwendigkeit des Alters. Ich bedarf seit mehreren Jahren
einer höheren Temperatur in meinen Zimmern und muss,
nachdem ich früher alle Klimate durchwandert und noch

vor zwanzig Jahren mich in Sibirien ganz wohl befand, mich als Achtziger vor nichts mehr hüten als vor Erkältungen.

Zu Friedrich Althaus, Berlin, 30. Juni 1850 [257]

Sie sind viel gereist und kennen viele Ruinen. Jetzt haben Sie eine mehr gesehen.

Zu Bayard Taylor, Berlin,
25. November 1856, der darauf antwortete:
»Keine Ruine, sondern eine Pyramide!« [258]

So hoff' ich Sie wiederzusehen, falls ich so unbescheiden bin, dann noch zu leben.

Zu einem Dr. Peip, Berlin,
Dezember 1856, als dieser ankündigte, im Frühjahr
wieder nach Berlin zu kommen. [259]

Ob Sie diesen Brief werden lesen können? Ich habe ein Talent, nicht nur sehr unzusammenhängend, sondern auch sehr unleserlich zu schreiben.

An Joseph von der Schot, Salzburg, 28. Oktober 1797 [260]

Das schiefe Schreiben, die nach oben anstrebende Richtung der Zeilen machen meine mikroskopische Schrift in größerem Formate noch unleserlicher, was mit der Wildheit des Waldmenschen [vom Orinoco] auch zusammenhängt. Das liniierte Blatt als Unterlage ist leider keine Hilfe. Die Freiheitsliebe lässt mich quer über alle Linien hinüberschreiben.

An die Großherzogin Luise von Baden, Berlin,
18. September 1858 [261]

Ehrfurchtsvoll und immer gleich unleserlich, Ew. Königlichen Hoheit untertänigster Alex. Humboldt.

An Kronprinz Friedrich Wilhelm von Preußen,
ohne Ort, 30. Januar 1834[262]

Sie erinnern sich, dass ich […] immer große Gespenster-
Furcht hatte.

An Carl Freiesleben, Berlin, 19. März 1792[263]

Ich kann in der mir immer unheimlichen mitternächt-
lichen Stunde, in der (wie Ew. Majestät wissen) ich vor-
sichtig alle Spiegel vermeide, diesen Brief nicht schließen …

An König Friedrich Wilhelm IV. von Preußen, Berlin,
2. März 1848[264]

Dieser [der Gespensterglaube] setzt nicht, wie der Un-
sterblichkeitsglaube, das Hinübergreifen unserer Welt in
eine andre, sondern das einer andern Geisterwelt in unsre
Welt voraus. Mein Bruder war während der letzten Jahre
seines Lebens lebhaft mit diesen Ideen beschäftigt. Ich
meinerseits glaube an ein solches Hinübergreifen nicht. Es
ist eine seltsame Richtung des menschlichen Geistes.

Zu Friedrich Althaus, Berlin, 27. Februar 1852[265]

Durch den Lebensmagnetismus von [Carl Gustav] Carus
habe [ich] gelernt, dass, werde man von dem bösen Blick
einer Katze getroffen, man sich durch den milden Blick
eines Meerschweinchens heilen kann.

An Christian Carl Josias von Bunsen, ohne Ort,
17. Januar 1831[266]

Sollte nach zehn oder zwölf Jahren [...] das Geschäft mit meinen Schriften sich zu einer Höhe erheben, die Sie nicht erwarten und die Ihnen das jetzt von mir angebotene Geschäft als zu kleinlich betrachten ließe, so machen Sie nachträglich einige Geschenke der Familie meines Jägers Seifert [Humboldts Diener] und dem Prof. Buschmann [Humboldts Mitarbeiter]. Ich würde es Ihnen aus dem Schattenreiche danken!

An Georg von Cotta, Potsdam,
7. September 1849[267]

»... mein Nomadenleben«

Das Reisen

Das Reisen und Umherziehen, nicht zwischen Berlin und Paretz, sondern da, wo der Geist etwas beschäftigt sein kann, ist mein Element.

An August von Hedemann, Paris, 21. Oktober 1838[268]

Glücklich der Reisende, der sich schmeicheln darf, die Vorteile seiner Lage benutzt und die Masse unserer Kenntnisse mit einigen neuen Wahrheiten vermehrt zu haben.

›Äquinoktial-Gegenden‹, 1814[269]

Von einer großen erhabenen Natur umgeben und lebhaft mit ihren bei jedem Schritte sich darbietenden Phänomenen beschäftigt, hat man wenig Lust, persönliche Vorfälle und kleinliche Lebensbegebenheiten in seine Tagebücher aufzunehmen.

›Äquinoktial-Gegenden‹, 1814[270]

Ich bin von dem alten Glauben der Vielgereisten, dass, außer Geld, sich alles wiederfinde.

An Christian Gottfried Ehrenberg, Berlin, um 1836–1840[271]

Ich hatte die böse Gewohnheit der Reisenden, alles, alles, selbst Briefe von Goethe und Schiller, zu zerstören.

An Konstantin Karl Falkenstein, Berlin,
22. August 1834[272]

An ferne Wanderungen gewöhnt, habe ich vielleicht den Mitreisenden den Weg gebahnter und anmutiger geschildert, als man ihn finden wird. Das ist die Sitte derer, die gern andere auf den Gipfel der Berge führen.

›Kosmos‹, Band 1, 1845[273]

Sich wieder inmitten der Zivilisation zu wissen, ist ein großer Genuss, aber er hält nicht lange an, wenn man für die Wunder der Natur im heißen Erdstrich ein lebendiges Gefühl hat.

›Äquinoktial-Gegenden‹, 1822[274]

Ich bin gezwungen gewesen, mir für 70 Louisdor samtene gestickte Kleider machen zu lassen, um in aller Pracht zu erscheinen. Man muss nach solcher Reise nicht scheinen, auf den Hund gekommen zu sein.

An Wilhelm von Humboldt über den Empfang
bei Napoleon, Paris, 14. Oktober 1804[275]

Die Vorsorge der Regierung für unsere Reise [durch Russland und Sibirien] ist nicht auszusprechen, ein ewiges Begrüßen, Vorreiten und Vorfahren von Polizeileuten, Administratoren, Kosakenwachen aufgestellt! Leider aber auch fast kein Augenblick des Alleinseins, kein Schritt,

ohne dass man ganz wie ein Kranker unter der Achsel geführt wird!

An Wilhelm von Humboldt, Catharinburg,
9. und 21. Juni 1829[276]

Eine Sibirische Reise ist nicht entzückend wie eine Süd-
amerikanische, aber man hat das Gefühl, etwas Nützliches
unternommen und eine große Länderstrecke durchreist zu
haben.

An Wilhelm von Humboldt, Catharinburg,
9. und 21. Juni 1829[277]

»Ich arbeite viel, schlafe wenig«

Vitale Botschaften

Das Kranksein ist kein Unglück, aber die Einförmigkeit des Lebens, das Beklagtwerden von anderen ist unerträglich.

An Paul Christian Wattenbach, Freiberg, 18. Februar 1792 [278]

Meine Gesundheit und Fröhlichkeit hat, trotz des ewigen Wechsels von Nässe, Hitze und Gebirgskälte, sichtbar zugenommen, seitdem ich Spanien verließ. Die Tropenwelt ist mein Element, und ich bin nie so ununterbrochen gesund gewesen als in den letzten zwei Jahren. Ich arbeite viel, schlafe wenig, bin oft bei astronomischen Beobachtungen vier bis fünf Stunden lang ohne Hut der Sonne ausgesetzt. Ich habe mich in Städten aufgehalten, wo das grässliche gelbe Fieber wütete, und nie, nie hatte ich auch nur Kopfweh.

An Karl Ludwig Willdenow, Havanna (Kuba),
21. Februar 1801 [279]

Meine Gesundheit erlaubt die nächtliche Arbeitsamkeit. Den Tag klingelt man bei mir wie in einem Branntweinladen. Man hält mich für das Adress-Comptoir der Stadt. Die Nacht ist Ruhe, und da ich erst um 11 h ½ von Charlottenburg meist heimkehre, so ist meine schöne Arbeitszeit bis 2 ½ und 3 Uhr morgens. Die Notwendigkeit des periodischen Schlafs ist ein Vorurteil, sage ich oft scherzweise.

An Georg von Cotta, Berlin,
5. Februar 1849 [280]

Ein schöner Star, ein leichter Armbruch, und doch nahe dem Handgelenke, ein reines gastrisches Fieber, das sind beliebte Ausdrücke der Ärzte. Ich bleibe gern von solchen Glücksfällen verschont.

An Gabriele von Bülow, Potsdam, vor 1840 [281]

Wenn das Leben noch keine eigentliche Last, aber schon eine Unwahrscheinlichkeit ist, muss man der Pflege der Ärzte sehr nachgeben, um das vollenden zu können, was man dem Publikum und seiner Gunst, nach der ich noch heute strebe, schuldig ist.

An Johann Franz Encke, Berlin,
2. August 1846 [282]

[Die Diagnose] Grippe [ist] eine ziemlich sinnlose systematische Bezeichnung des pathologischen x.

An Carl Friedrich Gauß, Paretz, 18. Juni 1839 [283]

Übrigens arbeite ich nach wie vor die Nächte durch, ohne merkliche Abnahme meiner Kräfte. Andern Leuten, wenn sie alt werden, pflegt das Stehen beschwerlich zu sein. Dies verursacht mir, sonderbarerweise, durchaus keine Anstrengung. Ich kann, wenn es darauf ankommt, acht Stunden und länger, auf den Füßen bleiben.

Zu Friedrich Althaus, Berlin,
5. August 1852[284]

Die Fortschritte der Heilkunst bestehen weniger darin, dass man länger lebt, als darin, dass man viel verständiger zu erklären weiß, warum man gestorben ist.

An Heinrich Wilhelm Dove, ohne Ort,
nach dem 14. Juli 1855[285]

»… Mittel, die Wahrheit zu entdecken«

Wissen und Wissenschaften

Es ist meine Art, einen und denselben Gegenstand zu ver-
folgen, bis ich ihn aufgeklärt habe.

An Karl Zell, Potsdam, 21. Mai. 1836[286]

Man sagt oft in der Gesellschaft, dass ich mich mit zu vielen
Sachen auf einmal beschäftige, mit Botanik, mit Astronomie, mit vergleichender Anatomie. Ich antworte: Kann
man dem Menschen verbieten, den Wunsch zu haben, alles
zu wissen, alles zu erfassen, was ihn umgibt? Man kann nicht
gleichzeitig die Grundlagen der Chemie und die Grundlagen der Astronomie beschreiben. Aber man kann gleichzeitig sehr genaue Beobachtungen über die Monddistanzen
und die Absorption des Gases anstellen. Für einen Reisenden ist die Mannigfaltigkeit der Kenntnisse unabdingbar.

An Marc-Auguste Pictet, Berlin, 3. Januar 1806[287]

Ich habe immer große Neugier auf das, was ich am we-
nigsten verstehe. […] Je urälter man wird, desto mehr ver-
geudet man seine Zeit mit solcher Neugier.

An Ernst Curtius, Berlin, 25. November 1857[288]

Der Mensch ist nicht bloß dazu gemacht, die Tiefen der Spekulation zu ergründen. Das Empfinden, nicht das Reflektieren ist der Genuss. Aber das Reflektieren ist da, um das Empfinden zu erhöhen, um den gebildeten Geist fähig zu machen, die Freuden des Lebens zu vervielfältigen. So stehen Fähigkeiten zu denken und zu empfinden in einer unverkennbaren Harmonie. Je größer die Denkkraft, desto tiefer die Empfindung. Jenes ist Mittel, dies der Zweck. Der kalte Philosoph, der sein Herz den seligen Freuden des Umganges verschließt, ist in meinen Augen ein Flecken auf dem großen Plane der Schöpfung!

An Wilhelm Gabriel Wegener, Berlin,
27. Januar 1789[289]

Jedes Naturgesetz, das sich dem Beobachter offenbart, lässt auf ein höheres, noch unerkanntes schließen.

›Kosmos‹, Band 1, 1845[290]

Zahlen sind die geheimnisvollen Mächte des Weltalls.

An Gabriele von Bülow, Potsdam, 1. Juni 1847[291]

Wissenschaft fängt erst an, wo der Geist sich des Stoffes bemächtigt, wo versucht wird, die Masse der Erfahrung einer Vernunfterkenntnis zu unterwerfen.

›Kosmos‹, Band 1, 1845[292]

Prüfen Sie von Neuem, was ich veröffentlicht habe, betrachten Sie alles als falsch, das ist das Mittel, die Wahrheit zu entdecken.

An Jean-Baptiste Boussingault, Paris, 21. Februar 1825[293]

Ich liebe die freiesten Äußerungen, wenn sie auch meinen Meinungen geradezu widersprechen, ich bin an solchen Widerspruch auch mehr als irgendeiner gewöhnt.

An Johann Franz Encke, ohne Ort, 24. Oktober 1847[294]

Wir streben beide nach Wahrheit, schließen vom Sein auf das Werden und begegnen uns darum nicht immer auf denselben Wegen. Ich bin leider von denen, die mehr und dankbar empfangen als geben können.

An Franz von Paula Gruithuisen, Berlin, 28. Dezember 1845[295]

Ich habe die unter uns Gelehrten nicht ganz allgemein verbreitete Eigenschaft, mich des Ruhmes meiner Zeitgenossen zu erfreuen.

An Heinrich Wilhelm Dove, Potsdam, 27. Dezember 1848[296]

Man muss darauf halten, diese Unabhängigkeit des wissenschaftlichen Verkehrs als Grundsatz zu bekräftigen. Wie würden die Wissenschaften selbst nicht leiden, wenn (wie in den bösen Zeiten allgemeiner Kriegsentzündung, an deren Folgen [die] menschliche Freiheit und die Institution Ehrendes nichts, gar nichts gewinnen) einzelne Länder in Bann der Ideen getan würden.

An Christian Gottfried Ehrenberg, Potsdam, um 1854[297]

Das Studium jeglicher neuen Wissenschaft, besonders einer solchen, welche die ungemessenen Schöpfungskreise, den ganzen Weltraum umfasst, gleicht einer Reise in ferne Länder.

›Kosmos‹, Band 1, 1845[298]

Ich liebe nicht solche Verkettung der Weltbegebenheiten, in der der Verstand nichts erkennt, durch die der Mensch, hinweggerissen, sich als des Schicksals Sklave fühlt. Mag es immer eitle Freude, elendes Blendwerk sein, wenn wir darum selbstwirkend zu sein glauben, weil wir den Lauf der Begebenheiten ahnden – preisen wir doch nicht den Schiffer glücklicher, der den Wind beobachtet, der ihn treibt, als den, der von unbekannten Strudeln bald hierhin, bald dahin geschleudert wird?

An Wilhelm Gabriel Wegener, Göttingen,
16. August 1789 [299]

Das Auffinden eines Irrtumes ist immer ein großer Gewinn, wenngleich keine Freude für die, welche den Irrtum verbreitet haben.

An Karl Theodor Anger, Potsdam, 16. Juli 1851 [300]

Man verzeiht einem kaum das Talent, aber besonders nie die Kumulation von Talent und Titel.

An August Boeckh, ohne Ort, 15. Juni 1850 [301]

Neben jeder Ehre ist auch Hohn.

An August Boeckh, ohne Ort, 3. Mai 1850 [302]

Sachen können ohne Personen und die sie leitenden Triebfedern nicht gedacht werden.

An Heinrich Berghaus, Paris, 5. Juli 1825 [303]

Es ist einer der bestimmenden Züge unseres Zeitalters, die Vorurteile fortschreitend sich zerstreuen zu sehen, welche

Menschen voneinander entfernen, die gleichermaßen von dem Wunsch beseelt sind, die Fortschritte der Wissenschaften zu beschleunigen.

An Auguste de Saint-Hilaire, Berlin 24. Januar 1829 [304]

Es freut mich unendlich, dass Sie die Naturkunde aus Ihrem Plane nicht ausschließen. »Res ardua vetustis novitatem dare, omnibus naturam et naturae suae omnia« [Es ist schwer, Altem Neuheit und dabei allem Natur und alles seiner Natur zu lassen]. Wie man die Naturgeschichte bisher trieb, wo man nur an den Unterschieden der Form klebte, die Physiognomik von Pflanzen und Tieren studierte, Lehre von den Kennzeichen, Erkennungslehre, mit der heiligen Wissenschaft selbst verwechselte, so lange konnte unsere Pflanzenkunde z.B. kaum ein Objekt des Nachdenkens spekulativer Menschen sein. Aber Sie fühlen mit mir, dass etwas Höheres zu suchen, dass es wiederzufinden ist; denn Aristoteles und Plinius, der den ästhetischen Sinn des Menschen und dessen Ausbildung in der Kunstliebe mit in die Naturbeschreibung zog, diese Alten hatten gewiss weitere Gesichtspunkte als unsre elenden Registratoren der Natur.

An Friedrich Schiller, Nieder-Flörsheim,
6. August 1794 [305]

Ich war durch den Umgang mit hochbegabten Männern früh zur Einsicht gelangt, dass ohne ernsten Hang nach der Kenntnis des Einzelnen alle große und allgemeine Weltanschauung nur ein Luftgebilde sein könne.

›Kosmos‹, Band 1, 1845 [306]

Der Naturphilosoph muss alle Erscheinungen in Verbindung setzen; durch diese Verbindung allein schon tritt er den Ursachen näher.

›Versuche über die gereizte Muskel- und Nervenfaser‹,
Band 1, 1796[307]

Die Naturphilosophie kann den Fortschritten der empirischen Wissenschaften nie schädlich sein. Im Gegenteil, sie führt das Entdeckte auf Prinzipien zurück, wie sie zugleich neue Entdeckungen begründet.

An Friedrich Wilhelm Joseph Schelling, Paris,
1. Februar 1805[308]

Seit sechs Jahren von Europa abwesend, ohne Bücher, bloß mit der Natur beschäftigt, ist mir eine unbefangenere Ansicht gewährt als manchem Physiker [= Naturwissenschaftler], dem durch die Sittenverderbnis, welche die literarischen Kriege nach sich ziehen, seine alten Meinungen lieber als das Objekt selbst, die Natur, geworden sind.

An Friedrich Wilhelm Joseph Schelling, Paris,
1. Februar 1805[309]

Wir handeln nach Prinzipien und verachten heidnisches Naturwissen. Dadurch sind wir unserer Stelle gewiss.

An Emil du Bois-Reymond, Berlin,
2. September 1855[310]

Überall sehe ich den menschlichen Verstand mit einerlei Irrtümern versenkt, überall glaubt er, die Wahrheit gefunden zu haben, und wähnt, dass ihm nichts zu verbessern, zu entdecken übrig bleibe. Er scheut die Untersuchung, weil er denkt, dass schon alles untersucht sei. So in der Religion, so in der Politik, so überall, wo der gemeine Haufen sein Wesen treibt.

An Wilhelm Gabriel Wegener, Berlin,
25. Februar 1789[311]

… das wichtigste Gut eines Gelehrten, die Zeit …

An Joachim Heinrich Campe, Hamburg,
5. April 1791[312]

Ich glaube meinerseits, dass man noch größeren Entdeckungen dann immer sehr nahe ist, wenn die Tatsachen in einen scheinbaren Widerstreit treten.

An Julius Schmidt, Berlin, 30. März 1850[313]

Sie sagen mir in Ihrem freundlichen Brief, dass meine Art, die Natur der heißen Zonen zu studieren und zu zeichnen, dazu beitragen konnte, in Ihnen den Eifer und das Verlangen nach weiten Reisen zu entfachen. Nach der Wichtigkeit Ihrer Arbeit wäre das der größte Erfolg, den meine schwachen Arbeiten erreichen konnten. Die Werke sind nur gut, soweit sie bessere entstehen lassen.

An Charles Darwin, Sanssouci, 18. September 1839[314]

Ich habe immer den Produktionen anderer ein größeres Interesse gewidmet als meinen eigenen, und da meine Gesundheit mir erlaubt, Nächte durchzuarbeiten, so lässt sich wohl etwas überwinden.

Zu Friedrich Althaus, Berlin, 13. März 1850[315]

Die Strömung war schon 300 Jahre vor mir allen Fischer-
jungen von Chili bis Payta bekannt; ich habe bloß das
Verdienst, die Temperatur des strömenden Wassers zuerst
gemessen zu haben.

Über den Humboldt-Strom, an Heinrich Berghaus, Berlin,
21. Februar 1840 [316]

Das Gebiet der Forschung [über die Unendlichkeit des
Weltraums] erweitert sich nur mit der Vervollkommnung
der Instrumente. Wir werden befähigt, die Sonde immer
tiefer in die Tiefen des Weltraums zu werfen, und die
Wissenschaft gelangt zu fortschreitenden Resultaten. Aber
unsern Vorstellungen ist allerdings angemessener, in diesem
Fortschritt eine Unendlichkeit als eine Begrenzung anzunehmen; und da wir einmal nach menschlichen Köpfen
philosophieren, so bleiben wir dabei.

Zu Friedrich Althaus, Berlin, 15. März 1852 [317]

V.

»Ach! Mein Freund, man wird nie fertig.«

Endliches und Unendliches

»Der Mensch ist zum Erkennen geboren.«

Maximen und Reflexionen

Wenn man etwas Großes vorhat, muss man es gleich beginnen.

An Hinrich Lichtenstein, ohne Ort und Datum,
nach 1835[318]

Der Mensch ist zum Erkennen geboren.

An Philipp von Forell, Caracas (Venezuela),
3. Februar 1800[319]

Der eigentliche Zweck ist das Schweben über den Dingen.

An Karl August Varnhagen von Ense, ohne Ort,
28. April 1841[320]

Es gibt im menschlichen Leben eine unbestimmbare Mischung von Freude und Entbehrungen.

An Joséphine Gay-Lussac, Berlin,
29. Oktober 1832[321]

Wie wunderbar ist ein Menschenleben verkettet.

An Karl Ludwig Willdenow, Havanna,
21. Februar 1801[322]

Die Sonne beleuchtet alle und lässt in vielen Köpfen es gären.

An Emil du Bois-Reymond, Potsdam,
5. Juli 1852 [323]

Der Stil spiegelt den ganzen Menschen wider.

An Karl August Varnhagen von Ense, ohne Ort,
3. Dezember 1841 [324]

Wahrheit ist man im Leben nur denen schuldig, die man tief achtet.

An Karl August Varnhagen von Ense, ohne Ort,
7. Dezember 1841 [325]

Wenn der liebe Gott nicht existierte, müsste man ihn sich vorstellen, um die schwachen Seelen zu beruhigen.

An Emil du Bois-Reymond, Berlin,
13. Mai 1851 [326]

Irrtümer verbreiten sich immer mehr als Wahrheit.

An Carl Ritter, Berlin, nach November 1840 [327]

Man muss vor allem den Mut seiner Meinungen zeigen.

An Eilhard Mitscherlich, ohne Ort,
wohl Anfang 1842 [328]

Eine höhnisch-sarkastische Art, alle Begebenheiten zu betrachten, kann nur zur Unvorbereitung führen. Es mag vornehm aussehen, aber es führt zu nichts.

An Heinrich von Bülow, Paris,
16. Oktober 1842 [329]

Der Blick in eine heitere Vergangenheit klärt selten den in die Gegenwart auf.

An Friedrich Wilhelm Graf von Reden, Steben,
8. Dezember 1793[330]

Die Lage jedes Menschen hängt von gewissen Bedingungen ab, die unter oft zufälligen Verhältnissen sich unvorhergesehen glücklich erweitern.

An Heinrich Brugsch, ohne Ort,
1. Januar 1852[331]

Die dumpfen, unbestimmten Abneigungen, die nicht auf einer Tatsache beruhen, sind am schwersten zu besiegen.

An Heinrich Christian Schumacher, Potsdam,
1. Mai 1837[332]

In Deutschland gehören netto zwei Jahrhunderte dazu, um eine Dummheit abzuschaffen; nämlich eins, um sie einzusehen, das andere aber, um sie zu beseitigen.

Zu einem Lehrer, Potsdam,
Spätsommer 1855[333]

Das menschliche Leben ist, was die Algebristen eine Bedingungs-Gleichung (équation de conditions) nennen, und die Bedingungen haben wir leider uns nicht selbst gemacht.

An Johann David Erdmann Preuß, Berlin,
wohl um 1850[334]

Ein wenig Ordnungs-Zwang ist ein heilsames Medika-
ment, Zwang und Freiheit mischen sich ja auch in dem
ganzen folgenden Leben.

An Wilhelm von Humboldt-Dachroeden,
einen Enkel Wilhelm von Humboldts, Sanssouci,
29. Juli 1840 [335]

Ich habe die Gewissheit, dass sich des Großartigen, Edlen,
ja selbst des Freien, immer mehr entwickeln wird.

An Caroline von Wolzogen, Potsdam, 9. Januar 1841 [336]

Wenn man die Probleme nicht selbst lösen kann, muss
man die Entwicklung abwarten. Die Zeit führt immer
etwas Entscheidendes herbei.

An Heinrich von Bülow, Paris, 21. September 1838 [337]

Um über Menschen zu urteilen, die man liebt, muss man
die Landschaft kennen, den Grund, auf dem man sie in
Gedanken anzusiedeln hat.

An Wilhelm von Humboldt, Paris, 30. Juli 1819 [338]

Kinder sind mahnende Zeitmesser.

An Gabriele von Bülow, Potsdam, 1. Juni 1847 [339]

Glücklich der Mensch, der sich seiner Grenzen bewusst
wird und nicht Wolken für den Horizont hält, den er sucht.
In dieser Erkenntnis besteht unsere ganze Philosophie.

Reisetagebuch: Reise von Micuipampa über Cajamarca
nach Trujillo (Peru) an der Küste des Stillen Ozeans,
13.–24. September 1802 [340]

»Ich bin nicht Schiller und nicht Goethe«

Der Autor

Meine Werke sind mit Aufrichtigkeit geschrieben; das ist die Qualität, auf die ich den größten Wert lege.

An Robert Birks Pitman, Paris, 18. September 1825[341]

Bücher haben kein Leben ohne Öffentlichkeit.

An König Friedrich Wilhelm IV. von Preußen, Berlin,
23. März 1841[342]

Zum schriftstellerischen Handeln gehört Läuten, darum halte ich etwas auf Rezensionen.

An Paul Christian Wattenbach, Freiberg,
18. Februar 1792[343]

Ich habe mich nie in buchhändlerische Geschäfte gemischt, bin ganz unbekannt in Geld-Angelegenheiten und suche mein literarisches Wesen stets so zu vereinfachen, dass mit Ablieferung des Manuskripts die Verbindlichkeit von meiner Seite aufhört.

An Johann Friedrich Cotta, Sèvres bei Paris,
1. Juni 1806[344]

Nichts in der Welt ist schwerer als ein Titel [einer Veröffentlichung]; er muss kurz, ausdrucksvoll, wohlklingend sein; wie er nicht heißen soll, ist am leichtesten zu finden.

An Friedrich Wilhelm Bessel, ohne Ort,
14. April 1844[345]

Ich hätte nie erwarten können, dass in solcher Schnelligkeit eine solche Masse von Manuskripten, voll von unleserlichen Korrekturen, so korrekt hätten gedruckt werden können.

An Georg von Cotta, Berlin,
10. September 1847[346]

Trauriges Los des Schriftstellers, so abhängig zu sein vom Schriftsetzer!

An Heinrich Berghaus, ohne Ort,
24. November 1828[347]

Leider, leider! Meine Bücher stiften nicht den Nutzen, der mir vorgeschwebt hat, als ich an ihre Bearbeitung und Herausgabe ging; sie sind zu teuer! Außer dem einzigen Exemplar, welches ich zu meinem Handgebrauch besitze, gibt es in Berlin nur noch zwei Exemplare von meinem amerikanischen Reisewerk. Eins davon ist in der königlichen Bibliothek und vollständig, das zweite hat der König in seiner Privatbibliothek, aber unvollständig, weil auch dem König die Fortsetzungen zu hoch gekommen sind.

An Heinrich Berghaus, Berlin,
20. April 1830[348]

Die sogenannte Bescheidenheit der Schriftsteller, selbst derer, die, wie ich, aus der antediluvianischen [vorsintflutlichen] alten Knochen-Welt stammen, geht immer in leicht zu entdeckende Eitelkeit über.

An Kronprinz Friedrich Wilhelm von Preußen, Berlin,
2. Februar 1837[349]

Ich bin nicht Schiller und nicht Goethe, aber das viele, das Ihr Haus für diese getan, gibt mir die Gewissheit, dass Sie über das unter anderen Umständen etwas eng stipulirte [Honorar] gern hinausgehen.

An Georg von Cotta, Potsdam,
25. August 1849[350]

Die Gunst des Publikums (ich rede nicht von der, welche Achtung der wissenschaftlich Gebildeten heißt, sondern von der der Massen, der einzigen, die den Absatz bestimmt) ist freilich wundersam launisch. In England und im deutschen Vaterlande bin ich buchhändlerisch tot gewesen, vor meinem 77sten Jahre [das Jahr, in dem der ›Kosmos‹ veröffentlicht wurde].

An Georg von Cotta, Potsdam,
26. Oktober 1849[351]

So sind die deutschen Buchhändler! Will man ihnen was Gutes und Schönes, womit sie Ehre einlegen können, zuwenden, so kommen gleich die Bedenken wegen der Herstellungskosten, wegen des Geldbeutels!

Zu Heinrich Berghaus, Berlin,
14. Juni 1852[352]

Versprechungen von Buchhändlern ist leider wenig zu trauen.

An Heinrich Brugsch, ohne Ort,
1. Januar 1852 [353]

Was das Fertigwerden betrifft – ach! Mein Freund, man wird nie fertig.

An Louis Agassiz, Berlin,
16. September 1845 [354]

»Eine moralische Sandwüste«

Boshaftigkeiten

… die schielende Wanze …

Über Marcus von Niebuhr, Kabinettssekretär Friedrich Wilhelms IV.,
zu Karl August Varnhagen von Ense, Berlin, Februar 1853 [355]

Es ist ein trefflicher, genievoller Mensch, der viel und richtig beobachtet – aber das ganze Wesen – wie aus dem Monde. Mich deucht, das Alleinsein auf der Reise hat ihm schon wieder geschadet. Ich habe ihn zu einigen Menschen herumgeführt, aber meist ist es unglücklich abgelaufen. Gewöhnlich setzt er gleich nach dem ersten Besuch die Brille auf und untersucht im äußersten Stubenwinkel die Sprünge in den glasierten Öfen, auf die er ganz erpicht ist, oder er schleicht wie ein Igel an den Wänden umher und betrachtet die Simse.

Über den Geographen Leopold von Buch, an Carl Freiesleben,
Wien, 16. Oktober 1797 [356]

Die sentimentalen Gräfinnen als Künstlerinnen sind eine Pest.

An Christian Daniel Rauch, Potsdam, 17. Oktober 1844 [357]

… Nudelkönig …

Über Ferdinand II., König beider Sizilien.
An Karl August Varnhagen von Ense, Potsdam,
9. November 1856[358]

Buschmann von der Bibliothek heiratet. »Denken Sie«,
sagt er, »ich bin in Magdeburg so glücklich gewesen, eine
Frau zu finden, die nichts, gar nichts hat.« Die würde ich
ihm hier auch verschafft haben.

An August von Hedemann, Berlin, 12. Januar 1841[359]

Ich war heute beim Begräbnis vom [Johann Wilhelm von]
Wiebel [dem Leibarzt des Königs]. Es wimmelte von
Ärzten, die sich gern einander begraben.

An August von Hedemann, Berlin, 9. Januar 1847[360]

Behalten Sie Heiterkeit des Geistes, alles andere ist Ihnen
reichlich gespendet.

An Christian Gottfried Ehrenberg, Berlin, 25. Juni 1835[361]

Dichtende Verwandte sind die unbequemsten.

An Heinrich Christian Schumacher, Berlin, 1. Mai 1837[362]

Dazu liest sich Herr von Raumer, als wenn man Stock-
prügel kriegt, und das leide und vergebe ich nie.

Über den Historiker Friedrich von Raumer,
an Karl August Varnhagen von Ense, Berlin,
31. Mai 1836.[363]

… der letzte Mumienkasten …

Über Clemens Wenzel Fürst von Metternich,
an Friedrich von Raumer, 12. Mai 1840[364]

Kästner, die lächerlichste Figur, welche die Erde trägt. Sein Vortrag ist undeutlich, da er keine Zähne hat. Er ist immer witzig, belacht sich aber selbst immer vorher, sodass man den Witz selten versteht. Dafür ist er, wenn man ihn oft belacht, auch von Zeit zu Zeit so artig, den Dritten zu belachen, wenn man auch gar nichts Witziges gesagt hat.

Über den Göttinger Mathematikprofessor
Abraham Gotthelf Kästner, an Wilhelm Gabriel Wegener,
Göttingen, 17. August 1789[365]

… Lokomotive …, … kreischende Dampfmaschine …, … Dampfsieder …

Über den stimmstarken Ministerialdirektor
im preußischen Kultusministerium, Johannes Schulze,
an Olfers, du Bois-Reymond und Boeckh,
zwischen 1851 und 1854[366]

… Eisregion …, … Schlummerhain …, … Missionsanstalt …

Über das preußische Kultusministerium[367]

… ein Siechenhaus, ein Hospital, in dem die Kranken besser schlafen als die Gesunden …

Über die Preußische Akademie der Wissenschaften[368]

Murmeltierartiger Schlaf, alle Zugänge verstopft, Schweigsamkeit des Grabes, freundlich-sentimentaler Blick, »es werde alles kommen, auch sei alles gar nicht so schlimm, als die Bösen es behaupten«.

Über das preußische Kultusministerium,
an August von Hedemann, Berlin, 8. April 1843[369]

… ein Wespennest geschlechtsloser Insekten ….

Über die Berliner Akademie der Künste,
an Christian Carl Josias von Bunsen, Berlin,
19. Oktober 1840[370]

… eine Vereinigung von Menschen, die nicht verstehen, was man ihnen sagt, und unverschämt drucken lassen, ehe man es durchsieht …

Über die Berliner Gesellschaft für Erdkunde,
an Christian Gottfried Ehrenberg, Potsdam,
8. Februar 1830[371]

Die Königin Victoria [von England] hat mich sehr ehrenvoll schon am zweiten Tage ihrer Ankunft zum Frühstück einladen lassen. Ich war der einzige Fremde, und frühstückte also nur zu 7 Personen. Ich habe an keinem Tage mehr Ehre und weniger Lebensmittel genossen. Harte Coteletts und kaltes Hühnerfleisch, keine Suppe, kein Tee, philosophische Abstinenz.

An August von Hedemann, Berlin, 17. August 1857[372]

Ich bin jetzt ganz rechts, sodass selbst Herr von Gerlach mit mir zufrieden wäre.

Zu Johann Lukas Schönlein, Berlin, 3. März 1857,
nachdem Humboldts linke Köperhälfte, vermutlich
durch einen Schlaganfall, vorübergehend gelähmt war.
Leopold von Gerlach war der einflussreiche Freund
und Ratgeber von König Friedrich Wilhelm IV.[373]

Das Chamäleon hat die bemerkenswerte Fähigkeit, mit einem Auge gegen den Himmel zu sehen, während das andere zur Erde niedersieht. Es gibt viele Kirchendiener, die dasselbe können.

Zu E. J. Young, Berlin, Weihnachten 1854[374]

… eine moralische Sandwüste, geziert durch Akaziensträucher und blühende Kartoffelfelder …

Über Berlin, an Carl Gustav Jacob Jacobi, Berlin,
21. November 1840[375]

Sibirien ist die Fortsetzung der Hasenheide bei Berlin.

An Ernst Ludwig von Gerlach, Potsdam, Schloss,
22. April 1846[376]

Männer von Talent finden hier in der Weltstadt [Paris] bald und dauernd Anerkennung; in Berlins nebulöser Atmosphäre, die den Gesichtskreis ringsum verschleiert und wo alles und jedes nach der Schreiberschablone gemessen wird, kann davon nicht die Rede sein.

An Heinrich Berghaus, Paris, 1. Juli 1825[377]

… eine kleine, unliterarische und dazu überhämische Stadt […], wo man monatelang gedankenleer an einem selbstgeschaffenen Zerrbild matter Einbildungskraft naget …

Über Berlin, an Karl August Varnhagen von Ense, ohne Ort,
24. April und 17. Mai 1837[378]

Es ist die alte edle Sitte meiner Vaterstadt, den Berliner in abstracto über alle andern Städtebewohner Europas zu erheben, aber mit Tigerkrallen und Berliner Gassenkot auf jeden loszuziehen, der sich erfrecht, einen konkreten Berliner, ein Individuum (besonders wenn es einen semitischen Namen führt) öffentlich im Auslande zu rühmen.

An Johann Franz Encke, Paris,
23. Dezember 1831[379]

Um den König [Friedrich Wilhelm IV.] herum ist es wie eine Freimaurerei, wer das Wort nicht weiß, der versteht gar nichts von dem, was vorgeht. Er hat das Wort nicht und ist nicht eingeweiht.

Zu Karl August Varnhagen von Ense, Berlin, 1844[380]

Die Teilnahme am öffentlichen Leben und an geistigen Interessen erhält frisch bis ins Alter. Betrachten Sie nur die frühalten, sequestrierten Frauenzimmer, wie man sie oft bei uns in Deutschland findet; während bei den englischen und französischen Damen, die in der Gesellschaft und im Salon leben, die Jugend, man möchte sagen, im Alter erst recht beginnt.

Zu Friedrich Althaus, Berlin, 30. Juli 1856[381]

»... der urweltliche Greis«

Lebensabend

Im Alter wird man faul und fragt lieber, als dass man selbst nachdenkt.

An Heinrich Wilhelm Dove, Potsdam, Schloss,
21. Mai 1843[382]

Auf dem Wege zum Altersschwachsinn mache ich zweifellos einigen Fortschritt, aber die Fortschritte vollziehen sich langsam, und wenn ich versteinere, so beginnt die Versteinerung nicht beim Herzen.

An Priscilla Anne Fane, Countess of Westmoreland, Berlin,
9. Oktober 1856[383]

4/5 des Ruhmes sind Alter und Gewohnheit, immer den Namen zu hören.

An Heinrich von Bülow, Paris,
5. Januar 1845[384]

Der Tod ist das Ende der Leben genannten Langeweile; er lässt uns alle Täuschungen des literarischen Ruhms und der armseligen Freuden, die das Leben mit 40 wie mit

60 Jahren bereitet, in ihrem wahren Licht sehen; aber es gibt Schlimmeres als den Tod, den Zustand körperlicher Leiden und moralischer Mutlosigkeit, der das Leben zu einer Bürde macht, der der Hoffnung ihre Illusionen, den Gefühlen ihre Frische, den Anstrengungen ihre vertrauensvolle Zuversicht nimmt, die für den Erfolg so unerlässlich sind.

An François Arago, Sanssouci,
13. August 1832[385]

... der urweltliche Greis ...

Über sich selbst, zu Adolf Pichler, Berlin,
8. Januar 1856[386]

Wie ist es hier so öde um mich her, seitdem der Einzige fehlt, der mich hierher zog. Sandig, öde, gemütlos, stets von einer nüchternen Gegenwart bedrängt ... Aber der Mensch ist biegsam und kann viel erleiden.

Nach dem Tod seines Bruders Wilhelm,
an August Wilhelm Schlegel, Potsdam,
17. Oktober 1836[387]

Ich bin von dem Schicksale verdammt, in solchem Klima, ohne allen Genuss des freien Naturlebens, außer kranken Pflanzen in Treibhäusern, ausgestopften Bälgen der zoologischen Kabinette und des trockenen Heus der Herbarien zu darben.

An Georg Benjamin Mendelssohn, ohne Ort,
29. Oktober 1828[388]

Ich seufze nach Freiheit. Berlin wird mir zu langweilig, besonders der Kreis, in dem ich lebe.

Zu Karl August Varnhagen von Ense, Berlin, 27. April 1837[389]

Von zwei Freunden ist immer nur einer sicher. Das ist eine widrige Lebenserfahrung in einem durch Bankette gequälten Jubelgreise.

An Georg Adolph Ermann, ohne Ort, 9. August 1844[390]

Dass der Mensch, und ein so uralter wie ich, noch einige Frische und Sinnigkeit erhält, liegt doch bloß in dem Zauber, zu dem uns in wenigen freien Stunden Phantasie und vertrauter Umgang mit den großen Hingeschiedenen öfter erheben kann. Ohne diese Reise durch die Welt der Gedanken und Empfindungen wäre man längst in sich verödet.

An Caroline von Wolzogen, Berlin, 5. August 1837[391]

Mit diesen Menschen [dem Kultusminister Altenstein und seinem Vertreter Schulze], die Ihnen bis in das Tintenfass sehen und alles kontrollieren wollen, müssen Sie immer ganz lakonisch sein, nichts bestimmt versprechen, höflich, aber hinhaltend antworten, sonst werden sie Ihnen immer lästiger. Arbeiten Sie (ich beschwöre Sie), wie Sie, nicht wie jene, wollen.

An Christian Gottfried Ehrenberg, Berlin, um 1839[392]

Ein Fräulein Stille hat mir aus Cölln eine ganze Kiste Stickereien geschickt, die ich am Hofe für 20 Taler verlosen soll. Bin ich gequält.

An Gabriele von Bülow, Potsdam, 21. März 1844[393]

Ich flüchte mich vor den ewigen Klagen über Undankbarkeit des entarteten Geschlechts, die auch ich mit anhören muss, und vor dem unaufhörlichen Schaukeln in der Wahl dessen, was zu tun sei, sooft es meine Stellung gestattet, und in den unendlichen – Kosmos, in der Ergründung seiner Erscheinungen und Gesetze die Ruhe suchend und findend, die mir am Abend meines vielbewegten Lebens so nottut.

An Heinrich Berghaus, ohne Ort, August 1848[394]

Die Bedrängnisse des Tages, eine alberne Korrespondenz aus den entferntesten Provinzen mit Schullehrern, Hebammen und Menschen, die Orden suchen und Dokumente einschicken, die sie natürlich zurückfordern, ein Leben auf der Charlottenburger Chaussee, Hang zur Arbeit, in der ich ewig gestört bin, geben mir ein freudenleeres Leben!

An Emil du Bois-Reymond, Berlin,
18. Januar 1850[395]

Ich höre mit Schrecken, ja mit tiefstem Schmerze, was der Enthusiasmus von Freunden mir bereiten soll. Eine Büste [in der Berliner Akademie der Wissenschaften], gesetzt in meinem Leben, dazu der Schreckensnachbar Leibniz!

An August Boeckh, ohne Ort, 3. Mai 1850[396]

Ein Diner in der Wildnis meiner Häuslichkeit ist ein kosmisches Ereignis.

An Emil du Bois-Reymond, Berlin,
8. Mai 1851[397]

Ein Geburtstag, den ich jedes Jahr im Kreise der Familie in Tegel mit einigen uns teuren Künstlern zubringe, ist für mich ein trauriger Tag; er lässt mich mit Reue rekapitulieren, wie ich so vieles, mit Mut unternommen, nicht vollendet, überall, besonders bei Ihnen, schmachvoll in tiefer Schuld geblieben bin.

An Georg von Cotta, Berlin, 18. September 1857[398]

Leidend unter dem Drucke einer immer noch zunehmenden Korrespondenz, fast im Jahresmittel zwischen 1600 und 2000 Nummern […], versuche ich einmal wieder, die Personen, welche mir ihr Wohlwollen schenken, öffentlich aufzufordern, dahin zu wirken, dass man sich weniger mit meiner Person in beiden Kontinenten beschäftige und mein Haus nicht als ein Adress-Comptoir benutze, damit bei ohnedies abnehmenden physischen und geistigen Kräften mir einige Ruhe und Muße zu eigener Arbeit verbleibe.

Anzeige Humboldts in den ›Berlinischen Nachrichten von Staats- und gelehrten Sachen‹ vom 20. März 1859, sechs Wochen vor seinem Tod[399]

Ich möchte mir bald den so luftdichten Sarg wünschen, dass, wenn man etwa erwachte, man bald erstickt wird. Ein Mann in Ostpreußen kündigt mir die Erfindung an und will mir dafür 200 Reichstaler ableihen.

An Christian Gottfried Ehrenberg, Berlin, um 1857[400]

Nachwort

Alexander von Humboldt – und dies soll der kleine Band vermitteln – war ein Phänomen, das nicht nur seine Zeitgenossen bewunderten. Kein Gelehrter des 19. Jahrhunderts wurde häufiger abgebildet, kein Wissenschaftler regte die Phantasie mehr an, keiner wurde so bestaunt. Er hatte in Indianerbooten den Río Negro, den Casiquiare und den Orinoco befahren und nahm für sich in Anspruch, mit der Besteigung des Chimborazo, den man für den höchsten Berg der Erde hielt, einen Höhenrekord aufgestellt zu haben. Humboldt hatte nicht nur großes Vergnügen an den zahlreichen Porträts, die von ihm angefertigt wurden und als Stiche und Lithographien in beachtlicher Zahl kursierten. Er bediente den Markt der Eitelkeiten sogar selbst mit lithographierten Autogrammbildern, die er an Freunde, Besucher und Bewunderer verteilte. Später, lange nach ihm, gab es nur noch einmal einen Wissenschaftler, der so oft porträtiert wurde und dem die Öffentlichkeit ein vergleichbares Interesse entgegenbrachte. Es war der Physiker Albert Einstein.

Als im Jahr 1847 der zweite Band von Humboldts *Kosmos* erschien, lieferten sich die Käufer »wirkliche Schlachten« um das Buch, wie sein Verleger Cotta bemerkte. Geleitet vom Gedanken der »Einheit der Natur«, die er »als ein durch innere Kräfte bewegtes und belebtes Ganzes« begriff, sah Humboldt ihre Phänomene als Netzwerk, als

»eine allgemeine Verkettung nicht in einfach linearer Richtung, sondern in netzartig verschlungenem Gewebe«. Er betrachtete die Landschaft als einen Raum von Wechselwirkungen innerhalb der Natur und zwischen Mensch und Natur. »Mein eigentlicher, einziger Zweck ist, das Zusammen- und Ineinander-Weben aller Naturkräfte zu untersuchen, den Einfluss der toten Natur auf die belebte Tier- und Pflanzenschöpfung«, schrieb Humboldt mehr als 60 Jahre bevor der Begriff Ökologie geprägt wurde.

Vielen Forschungsbereichen und Generationen von Wissenschaftlern wies Alexander von Humboldt neue Wege. So schuf er die Disziplin der Pflanzengeographie, er erkannte die Gesetzmäßigkeit der Temperaturabnahme in Relation zur Höhe über dem Meeresspiegel und er erfand die Isothermen – kartographische Linien zur Darstellung der Orte gleicher mittlerer Jahrestemperatur. Heute sieht man in ihm den Begründer der Geographie der Neuzeit, der modernen Klimaforschung, der Archäologie in Amerika und der globalen kulturwissenschaftlichen Komparatistik. Was sich inzwischen jeder fortschrittliche Wissenschaftler zum Grundsatz macht, hat Humboldt bereits vor 200 Jahren meisterhaft vorgelebt: die transdisziplinäre Forschung. Er betrieb seine Wissenschaft, die er »Physik der Welt« nannte, nicht aus der Perspektive einer einzigen Disziplin, sondern er überblickte und verband die verschiedensten Fachgebiete mit einer Sicherheit und Virtuosität, wie sie seither nie mehr erreicht wurde.

Die Globalität seines Denkens überwand alle geographischen und politischen Grenzen. Bereits 1793 hatte Wilhelm von Humboldt über seinen damals 24jährigen Bruder bemerkt, es gäbe keinen anderen, der in der Lage sei, »das Studium der physischen Natur mit dem der moralischen zu verknüpfen, und in das Universum, wie wir es erkennen, eigentlich erst die wahre Harmonie zu bringen«. Natur und Moral – diese zwei Begriffe waren für Alexanders Leben von grundlegender Bedeutung, ebenso wie die Ideale der Französischen Revolution: Freiheit, Gleichheit und Brüderlichkeit. Sein Leitsatz war: »Alle sind gleichmäßig zur Freiheit bestimmt.« Wissenschaft und Politik waren für ihn untrennbar verbunden. Seine Rolle als Forscher verstand er als die eines verantwortungsvollen, politisch denkenden und handelnden Menschen. Auch in seinen primär wissenschaftlichen Texten verteidigte er die Menschenrechte, klagte Rassismus und Sklaverei an und plädierte für die rechtliche Gleichstellung aller Bürger.

Leben und Werk dieses mit Abstand modernsten Wissenschaftlers des 19. Jahrhunderts faszinieren uns heute wie keine Lesergeneration zuvor. Das Œuvre seines 89-jährigen Lebens allerdings ist selbst für Fachleute kaum zu überschauen: 47 Bände umfassen allein seine Buchpublikationen, darunter das 29-bändige Werk über die Reise in die amerikanischen Tropen. Es ist mit seinen mehr als 1400 Kupferstichen die umfangreichste und teuerste Arbeit eines privaten Forschungsreisenden, die jemals publiziert wurde. Dazu kommen mehr als 450 unselbständig erschienene Schriften und etwa 50 000 Briefe, von denen mehr als 13 000 im Original erhalten sind.

Eine Auswahl an Zitaten aus diesem Werk zu treffen, gleicht der Arbeit eines Bergmanns, der, wie Humboldt, in die Minen von Freiberg, Guanajuato oder Smeinogorsk einfährt: er kennt deren Reichtum, muss das Erz aber erst ausfindig machen und mühsam bergen. Danach gilt es das Edelmetall auszuschmelzen und in eine angemessene Form zu gießen. Leicht macht es einem der Forscher dabei nicht. Vor allem Texte, die seine innersten Gefühle offenbaren, sind selten. »Alles Persönliche«, bekennt er in der Einleitung zu seiner *Reise in die Äquinoktial-Gegenden des Neuen Kontinents*, »was nicht von direktem, sondern höchstens von stilistischem Interesse war, habe ich gestrichen«. Diesen Eindruck bekommt man auch von seiner Korrespondenz. Sie diente fast ausschließlich dem wissenschaftlichen Austausch. Private Bemerkungen oder Bonmots sind Raritäten. Wenn sie aber auftauchen, zeugen sie von augenzwinkernder Spottlust und großer Selbstironie. Während seiner letzten Lebensjahre in Berlin, stilisierte sich Humboldt, der »Gegenstand der öffentlichen Neugier«, dann selbst als »Fossil«, »Wald-Mensch vom Orinoco« und »Alter vom Berge«. Dies war ein kunstvolles, ironisches Spiel für seine Bewunderer, Gönner oder Neider, das der Gelehrte mit feinsinnigem Humor und großem Vergnügen zelebrierte.

Ihn und sein Werk, wie in diesem Büchlein, in einem Mosaik aus kurzen Zitaten zu porträtieren, ist gewiß vermessen. Ich hoffe dennoch, mit dieser Auswahl etwas von seiner Persönlichkeit und seinem Werk sichtbar gemacht zu haben, was sich ansonsten in dem Berg seiner Schriften zu sehr verbirgt. Vielleicht trägt diese Sammlung von ›Entdeckungen und Einsichten‹ sogar dazu bei, sich gründlicher mit Humboldts Originalarbeiten und den Editionen

seiner Tagebücher und Briefe zu befassen. Sicher wäre dies
ein Gewinn für uns alle, die Bewohner des »Luftozeans«
einer fragilen Welt.

Danksagung

Viele Freunde und Kollegen haben bei der Entstehung
dieses Büchleins mitgeholfen. Von ganzem Herzen danke
ich Ingo Schwarz, Ulrike Leitner, Anne Jobst und Regina
Mikosch von der Alexander-von-Humboldt-Forschungsstelle in Berlin für ihre wertvollen Hinweise und die
Möglichkeit, das dortige umfangreiche Archiv zu nutzen,
Ulrike Ehmann für ihre hilfreiche Begleitung der Edition,
und ganz besonders meiner Frau Cecilia für ihre grenzen-
lose Geduld.

Zur Edition

Die in dieser Edition vereinigten Texte stammen aus verschiedensten Quellen. Viele Zitate sind Übersetzungen.
Weder in diesen noch in den Humboldtschen publizierten
und bislang unpublizierten handschriftlichen Originalen
wurde eine einheitliche Orthographie und Interpunktion
verwendet. Da die Lesbarkeit und Einheitlichkeit bei der

Zusammenstellung dieses Buches im Vordergrund stand, wurden die hier zusammengestellten Texte behutsam der modernen Rechtschreibung angepasst.

Die Abbildungen

Die Abbildungen beruhen auf Humboldt-Porträts von Johann Heinrich Schmid (1784), S. 12; François Gerard (1805), S. 23; Karl von Steuben (1812), S. 57; Franz Krüger (1840), S. 91; Julius Schrader (1859), S. 117, und Wilhelm von Kaulbach (1869), S. 143.

QUELLENNACHWEISE

[1] In: Ilse Jahn und Fritz G. Lange (Hg.): *Die Jugendbriefe Alexander von Humboldts 1787–1799*. Berlin: Akademie-Verlag, 1973 [im Folgenden: Jugendbriefe], S. 107 f.

[2] In: Alexander von Humboldt: *Aus meinem Leben. Autobiographische Bekenntnisse.* Zusammengestellt und erläutert von Kurt-R. Biermann. Leipzig, Jena und Berlin, 1989 [im Folgenden: Leben], S. 34

[3] Laut Henriette Herz. In: Karl Bruhns (Hg.): *Alexander von Humboldt. Eine wissenschaftliche Biographie*, Bd. 1. Leipzig 1872 [im Folgenden: Bruhns] S. 49

[4] Jugendbriefe S. 47

[5] Leben S. 38

[6] Jugendbriefe S. 97 f.

[7] Jugendbriefe S. 157

[8] Jugendbriefe S. 136

[9] Jugendbriefe S. 153

[10] Jugendbriefe S. 188

[11] Jugendbriefe S. 233 f.

[12] Jugendbriefe S. 420 f.

[13] Jugendbriefe S. 192

[14] Leben S. 39–40

[15] Alexander von Humboldt: *Ansichten der Natur mit wissenschaftlichen Erläuterungen.* 3. verb. u. verm. Aufl. Stuttgart: Cotta, 1849 [im Folgenden: Ansichten], S. 363

[16] Jugendbriefe S. 178

[17] Jugendbriefe S. 528

[18] Jugendbriefe S. 575

[19] Jugendbriefe S. 591

[20] Jugendbriefe S. 255

[21] Alexander von Humboldt: *Ueber die unterirdischen Gasarten und die Mittel ihren Nachtheil zu vermindern. Ein Beytrag zur Physik der praktischen Bergbaukunde.* Braunschweig: Vieweg, 1799, S. 249

[22] In: Ulrike Moheit (Hg.): *Das Große und Gute wollen. Alexander von Humboldts Amerikanische Briefe.* Berlin: Rohrwall, 1999 [im Folgenden: Reisebriefe], S. 37

[23] Bruhns, Bd. 1, S. 293

[24] Jugendbriefe S. 20

[25] Jugendbriefe S. 109

[26] Alexander von Humboldt: *Versuche über die gereizte Muskel- und Nervenfaser nebst Vermuthungen über den chemischen Process des Lebens in der Thier- und Pflanzenwelt.* 2 Bde., Posen: Decker und Berlin: Rottmann,

1797 [im Folgenden: Muskel- und Nervenfaser], Bd. 2, S. 387

[27] Jugendbriefe S. 664

[28] Jugendbriefe S. 657 f.

[29] Reisebriefe S. 90

[30] Jugendbriefe S. 87

[31] Jugendbriefe S. 118

[32] Jugendbriefe S. 625 f.

[33] Reisebriefe S. 39

[34] In: *Briefwechsel und Gespräche mit einem jungen Freunde* [Friedrich Althaus]. Aus den Jahren 1848–1856. Berlin: Franz Duncker, 1861 [im Folgenden: Althaus], S. 28

[35] Althaus S. 95 f.

[36] In: Ingo Schwarz (Hg.): *Briefe von Alexander von Humboldt an Christian Carl Josias von Bunsen.* Berlin: Rohrwall, 2006 [im Folgenden: Bunsen-Briefwechsel], S. 60

[37] Jugendbriefe S. 11

[38] Jugendbriefe S. 144

[39] Jugendbriefe S. 67

[40] Jugendbriefe S. 10

[41] Jugendbriefe S. 156

[42] Jugendbriefe S. 40

[43] Jugendbriefe S. 39

[44] Jugendbriefe S. 51

[45] Jugendbriefe S. 157

[46] Jugendbriefe S. 650

[47] Jugendbriefe S. 560

[48] Jugendbriefe S. 661

[49] Jugendbriefe S. 680

[50] Reisebriefe S. 37

[51] Jugendbriefe S. 666

[52] Alexander von Humboldt: *Reise in die Äquinoktial-Gegenden des Neuen Kontinents.* Hg. von Ottmar Ette: Insel, Frankfurt am Main, 1999 [im Folgenden: Äquinoktial-Gegenden], Bd. 1, S. 52

[53] Ebd. Bd. 1, S. 62

[54] Ebd. Bd. 1, S. 12

[55] Reisebriefe S. 90

[56] Jugendbriefe S. 680

[57] Leben S. 58. Original in Französisch

[58] Reisebriefe S. 78

[59] Reisebriefe S. 90

[60] Äquinoktial-Gegenden Bd. 1, S. 195 f.

[61] Reisebriefe S. 26

[62] Äquinoktial-Gegenden Bd. 1, S. 35 f.

[63] Reisebriefe S. 32

[64] Reisebriefe S. 86

[65] Ansichten Bd. 2, S. 8

[66] Reisebriefe S. 90

[67] Reisebriefe S. 90

[68] Äquinoktial-Gegenden Bd. 2, S. 836

[69] Ebd. Bd. 2, S. 1056

[70] Alexander von Humboldt: *Vues des Cordillères et monumens des peuples indigènes de l'Amérique.* Paris: Schoell, 1810–13, S. 194. Original in Französisch

[71] In: Margot Faak (Hg.): *Alexander von Humboldt: Reise auf dem Magdalena, durch die Anden und Mexiko.* Aus seinen Reisetagebüchern. 2., durchgesehene Aufl.,

2 Bde. Berlin: Akademie-Verlag, 2003 [im Folgenden: Reisetagebücher], hier Bd. 2, S. 227–229. Original in Französisch

72 Reisetagebücher Bd. 2, S. 217. Original in Französisch

73 Reisetagebücher Bd. 2, S. 170. Original in Französisch

74 In: Margot Faak (Hg.): *Alexander von Humboldt: Lateinamerika am Vorabend der Unabhängigkeitsrevolution*. 2., durchges. und verb. Auflage. Berlin: Akademie-Verlag, 2003 [im Folgenden: Vorabend], S. 329–331

75 Alexander von Humboldt: *Vues des Cordillères et monumens des peuples indigènes de l'Amérique*. Paris: Schoell, 1810–1813. Original in Französisch. Übersetzung nach Alexander von Humboldt: *Ansichten der Kordilleren und Monumente der eingeborenen Völker Amerikas*. Aus dem Franz. von Claudia Kalscheuer. Ediert und mit einem Nachwort versehen von Oliver Lubrich und Ottmar Ette. Frankfurt am Main: Eichborn, 2004 [im Folgenden: Vues], S. 16

76 Vues S. 19

77 Vues S. 20

78 Vorabend S. 65. Original in Französisch

79 Vorabend S. 65. Original in Französisch

80 Vorabend S. 65. Original in Französisch

81 Vorabend S. 65. Original in Französisch

82 Reisetagebücher Bd. 1, S. 55

83 In: Margot Faak (Hg.): *Alexander von Humboldt: Reise durch Venezuela. Auswahl aus den amerikanischen Reisetagebüchern*. Berlin: Akademie-Verlag, 2000, S. 371

84 Reisetagebücher Bd. 1, S. 83

85 In: Ludmilla Assing (Hg.): *Briefe von Alexander von Humboldt an Varnhagen von Ense*. 4. Aufl. Leipzig: F. A. Brockhaus, 1860 [im Folgenden: Varnhagen-Briefwechsel], S. 300

86 Vorabend S. 142. Original in Französisch

87 Vorabend S. 66. Original in Französisch

88 Vorabend S. 145. Original in Französisch

89 Äquinoktial-Gegenden Bd. 2, S. 859–60

90 Vorabend S. 145 f. Original in Französisch

91 Äquinoktial-Gegenden Bd. 1, S. 294

92 Vorabend S. 142. Original in Französisch

93 Äquinoktial-Gegenden Bd. 2, S. 864 f.

94 Ebd. Bd. 2, S. 859 f.

95 Vorabend S. 139. Original in Französisch

96 Vorabend S. 160–161

97 Äquinoktial-Gegenden Bd. 2, S. 972

98 Vorabend S. 148

99 Vorabend S. 142. Original in Französisch

100 Reisetagebücher Bd. 1, S. 131

101 Reisetagebücher Bd. 2, S. 213. Original in Französisch

102 Reisetagebücher Bd. 1, S. 143

103 Reisetagebücher Bd. 2, S. 146. Original in Französisch

104 Äquinoktial-Gegenden Bd. 2, S. 860

105 Reisetagebücher Bd. 1, S. 123

106 Vorabend S. 232. Original in Französisch

107 Reisetagebücher Bd. 2, S. 269. Original in Französisch

108 Vorabend S. 145. Original in Französisch

109 Alexander von Humboldt: *Essai politique sur le royaume de la Nouvelle-Espagne.* Zit. nach der deutschen Übersetzung: Alexander von Humboldt: *Mexico-Werk. Politische Ideen zu Mexico. Politische Landeskunde.* Hg. von Hanno Beck. Darmstadt: Wissenschaftliche Buchgemeinschaft, 1991 [im Folgenden: Neu-Spanien], S. 189 f.

110 Reisetagebücher Bd. 2, S. 217. Original in Französisch

111 Äquinoktial-Gegenden Bd. 1, S. 293 f.

112 Vorabend S. 191

113 In: Wilhelm Hornay: *Alexander von Humboldt. Sein Leben und Wollen für Volk und Wissenschaft. Nach Originalien.* Hamburg: Hoffmann und Campe, 1860 [im Folgenden: Hornay], S. 12 f.

114 Zit. nach der deutschen Übersetzung: Alexander von Humboldt: *Cuba-Werk.* Hg. von Hanno Beck. Darmstadt: Wissenschaftliche Buchgemeinschaft, 1992 [im Folgenden: Cuba], S. 156

115 Alexander von Humboldt: *Versuch über den politischen Zustand des Königreichs Neu-Spanien.* 5 Bde. Tübingen: Cotta, 1809–1814, [im Folgenden: Neu-Spanien, Cotta] hier Bd. 3, S. 4

116 Cuba S. 140

117 Reisetagebücher Bd. 1, S. 87

118 Äquinoktial-Gegenden Bd. 1, S. 261

119 Vorabend S. 66. Original in Französisch

120 Vorabend S. 254 und 245

121 Vorabend S. 255

122 Vorabend S. 253

123 Äquinoktial-Gegenden Bd. 1, S. 263

124 Reisetagebücher Bd. 1, S. 87

125 Cuba S. 157

126 Äquinoktial-Gegenden Bd. 1, S. 629

127 In: *Berlinische Nachrichten von Staats- und gelehrten Sachen.* 25. Juli 1856, Nr. 172, S. 4

128 In: Ingo Schwarz (Hg.): *Alexander von Humboldt – Samuel Heinrich Spiker: Briefwechsel.*

Hg. unter Mitarbeit von Eberhard Knobloch. Berlin, 2007, S. 387

[129] Jugendbriefe S. 657

[130] Äquinoktial-Gegenden Bd. 1, S. 680

[131] Ansichten, S. IX

[132] Alexander von Humboldt: *Kosmos. Entwurf einer physischen Weltbeschreibung.* 1845, Bd. 1, S. 33; zit. nach der Ausgabe der Anderen Bibliothek, ediert von Ottmar Ette und Oliver Lubrich. Frankfurt am Main: Eichborn, 2004 [im Folgenden: Kosmos], S. 23

[133] Reisetagebücher Bd. 2, S. 258

[134] Kosmos Bd. 4, S. 232 bzw. S. 718

[135] Kosmos Bd. 1, S. 9 bzw. S. 11

[136] Äquinoktial-Gegenden Bd. 2, S. 1056

[137] Alexander von Humboldt: *Central-Asien. Untersuchungen über die Gebirgsketten und die vergleichende Klimatologie.* Aus dem Französischen übersetzt und durch Zusätze vermehrt, hg. von Wilhelm Mahlmann, 2 Bde. Berlin: Kleemann, 1844 [im Folgenden: Central-Asien], Bd. 2, S. 214

[138] Äquinoktial-Gegenden Bd. 1, S. 638

[139] Ebd. Bd. 1, S. 383

[140] Ebd. Bd. 1, S. 638 f.

[141] Reisetagebücher Bd. 2, S. 254

[142] Central-Asien Bd. 1, S. 337

[143] Alexander von Humboldt: *Frag-mente einer Geologie und Klimatologie Asiens.* Übersetzung aus dem Franz. von Julius Löwenberg, Berlin: J. A. List, 1832, S 228 f. Die französische Originalausgabe erschien 1831 in Paris

[144] Kosmos Bd. 1, S. 304 bzw. 149 f.

[145] Ebd. Bd. 1, S. 340 bzw. S. 166

[146] Jugendbriefe S. 41

[147] Ansichten Bd. 2, S. 9

[148] Kosmos Bd. 1, S. 12 bzw. 14

[149] Ebd. Bd. 1, S. 385 bzw. S. 187

[150] Neu-Spanien, Cotta Bd. 5, S. 55

[151] Bunsen-Briefwechsel S. 199

[152] Kosmos Bd. 1, S. 385 bzw. S. 187

[153] Äquinoktial-Gegenden Bd. 2, S. 860

[154] Bunsen-Briefwechsel S. 101

[155] In: Hanns Günther Reissner: *Alexander von Humboldt im Verkehr mit der Familie Josef Mendelssohn.* In: Mendelssohn-Studien. Bd. 2. Hannover: Wehrhahn, 1975 [im Folgenden: Reissner], S. 173 f.

[156] Handschrift in der UB Wrocław [Breslau] zitiert nach der Sammlung von Briefkopien in der Alexander-von-Humboldt-Forschungsstelle der Berlin-Brandenburgischen Akademie der Wissenschaften [im Folgenden: AvH-Forschungsstelle]

[157] Ebd.

[158] In: Peter Honigmann: *Alexander*

von Humboldt und die Juden. In: Chaim Selig Slominski: *Zur Freiheit bestimmt. Alexander von Humboldt – eine hebräische Lebensbeschreibung.* Hg. von Kurt-Jürgen Maaß. Bonn: Bouvier, 1997, S. 57. Original in Französisch

159 Kosmos Bd. 1, S. 385 bzw. S. 187

160 Ebd. Bd. 1, S. 4 bzw. S. 9

161 Reisebriefe S. 39

162 Kosmos Bd. 1, S. 36 bzw. S. 24

163 In: Kurt-R. Biermann (Hg.): *Alexander von Humboldt. Vier Jahrzehnte Wissenschaftsförderung. Briefe an das preußische Kultusministerium 1818–1859.* Berlin: Akademie-Verlag, 1985, S. 118

164 Kosmos Bd. 1, S. 37 bzw. S. 24–25

165 Ebd. Bd. 1, S. 35 bzw. S. 24

166 Jugendbriefe S. 91

167 Äquinoktial-Gegenden Bd. 2, S. 1484

168 In: Kurt-R. Biermann: »*Ein Preuße weiß, was er von Bayerns König zu erwarten hat.*« *Maximilian von Bayern und sein Ratgeber Alexander von Humboldt.* In: Kultur & Technik 17, H. 1, 1993, S. 36

169 In: Gustav Leopold Plitt (Hg.): *Aus Schellings Leben. In Briefen.* Bd. 2, Leipzig: Hirzel, 1870 [im Folgenden: Schellings Leben], S. 50

170 In: Ulrike Leitner (Hg.): *Briefwechsel Alexander von Humboldts mit Johann Friedrich und Johann Georg von Cotta.* Berlin: Akademie-Verlag, 2009, im Erscheinen. [im Folgenden: Cotta-Briefe]

171 Äquinoktial-Gegenden Bd. 2, S. 1488 f.

172 Ebd. Bd. 2, S. 1483 f.

173 Varnhagen-Briefwechsel S. 9

174 Cotta-Briefe

175 In: Jean Théodoridès: *Alexander von Humboldt und Frankreich.* In: *Bild der Wissenschaft,* Stuttgart, 1969, S. 549. Original in Französisch

176 Cotta-Briefe

177 Handschrift in der UB Leipzig. Zit. nach der AvH-Forschungsstelle. Vorname des Adressaten nicht zu ermitteln

178 Cotta-Briefe

179 In: Nicolas Hossard (Hg.): *Alexander von Humboldt & Aimé Bonpland. Correspondance 1805–1858.* Paris [u.a.]: L'Harmattan, 2004, S. 110. Original in Französisch

180 Handschrift im Archiv der Berlin-Brandenburgischen Akademie der Wissenschaften [BBAW], Nachlass Encke

181 Cotta-Briefe

182 Cotta-Briefe

183 In: Julius Fröbel: *Ein Lebenslauf. Aufzeichnungen, Erinnerungen und Bekenntnisse.* Bd 1, Stuttgart: Cotta, 1890, S. 134

184 In: *Briefe Alexander von Hum-*

boldts an Dr. Robert Remak 1839 bis 1855. Mitgeteilt von Ludwig Geiger. In: *Jahrbuch für jüdische Geschichte und Literatur*, 19, 1916, Nr. 13, S. 130

[185] Varnhagen-Briefwechsel S. 275

[186] Varnhagen-Briefwechsel S. 275

[187] Hornay S. 53

[188] In: *Alexander von Humboldt und das preußische Königshaus. Briefe aus den Jahren 1835–1857.* Hg. und erläutert von Conrad Müller, Leipzig: K. F. Koehler, 1928 [im Folgenden: Königshaus], S. 131 f.

[189] Varnhagen-Briefwechsel S. 124

[190] Jugendbriefe S. 122

[191] Althaus S. 134

[192] Varnhagen-Briefwechsel S. 20

[193] Kosmos Bd. 1, S. VI bzw. S. 3

[194] Cotta-Briefe

[195] In: Hans-Joachim Felber (Hg.): *Briefwechsel zwischen Alexander von Humboldt und Friedrich Wilhelm Bessel* [im Folgenden: Bessel-Briefwechsel], Berlin: Akademie-Verlag, 1994, S. 82

[196] Kosmos Bd. 1, S. VI bzw. S. 3

[197] Kosmos Bd. 1, S. VI bzw. S. 3

[198] Kosmos Bd. S. 5–6 bzw. S. 10

[199] Kosmos Bd. 1, S. 21 bzw. S. 18

[200] Alexander von Humboldt: *Über das Universum. Die Kosmos-Vorträge 1827/28 in der Berliner Singakademie.* Hg. von Jürgen Hamel und Klaus H. Tiemann. Frankfurt am Main: Insel, 1993

[im Folgenden: Kosmos-Vorträge], S. 127

[201] Kosmos Bd. 1, S. 4 bzw. S. 9

[202] In: *Goethes Briefwechsel mit Wilhelm und Alexander v. Humboldt.* Hg. von Ludwig Geiger. Berlin: Bondy, 1909 [im Folgenden: Goethe-Briefe], S. 305

[203] Kosmos Bd. 1, S. 64 bzw. 35

[204] Althaus S. 34

[205] Kosmos-Vorträge S. 110

[206] Kosmos-Vorträge S. 116

[207] Ansichten Bd. 1, S. VII f.

[208] Ansichten Bd. 1, S. 252

[209] Äquinoktial-Gegenden Bd. 2, S. 946

[210] In: Kurt-R. Biermann: *Der Briefwechsel zwischen Alexander von Humboldt und C. G. J. Jacobi über die Entdeckung des Neptun.* In: *Schriftenreihe für Geschichte der Naturwissenschaften, Technik und Medizin* NTM 6, H. 1, 1969, S. 66 f.

[211] Leben S. 208

[212] Kosmos Bd. 1, S. 36 bzw. S. 24

[213] Ansichten Bd. 2, S. 251 f.

[214] In: *Briefe Alexander's von Humboldt an seinen Bruder Wilhelm.* Hg. von der Familie von Humboldt in Ottmachau. Stuttgart: Cotta, 1880 [im Folgenden: Wilhelm-von-Humboldt-Briefe], S 177 f.

[215] Ansichten Bd. 2, S. 20

[216] Ansichten Bd. 1, S. 286

[217] Kosmos Bd. 2, S. 4 bzw. S. 189

[218] Ebd.

219 Ebd. Bd. 2, S. 76 bzw. S. 225

220 Ebd. Bd. 2, S. 92 bzw. S. 233

221 Ebd. Bd. 2, S. 94 bzw. S. 234

222 In: Monatsbeiträge über die Verhandlungen der Gesellschaft für Erdkunde zu Berlin. Bd. 11 = N. F. Bd. 7. 1849/50, S. 303 f.

223 Handschrift im Geheimen Staatsarchiv Preußischer Kulturbesitz, Berlin. Zit. nach der AvH-Forschungsstelle

224 Jugendbriefe S. 578

225 Handschrift im Archiv des St. Petersburger Instituts für Geschichte. Zit. nach der AvH-Forschungsstelle. Original in Französisch

226 In: León Delhoume: *Hommage de Humboldt à Gay-Lussac.* In: *CR 87ᵉ Congrès des Sociétés savantes,* Poitiers 1962 [im Folgenden: Gay-Lussac], S. 153 f. Original in Französisch

227 Leben S. 32

228 Reisebriefe S. 182. Original in Französisch

229 Dessel-Briefwechsel S. 49

230 In: Moritz Herz: *Ein Brief Alexander von Humboldts.* In: *Vossische Zeitung* Nr. 434 vom 25. 8. 1916, S. 2

231 Jugendbriefe S. 188

232 Jugendbriefe S. 105

233 Jugendbriefe S. 144

234 In: *Briefwechsel Alexander von Humboldt's mit Heinrich Berghaus aus den Jahren 1825 bis 1858.* 3 Bde. Jena: Hermann Coste-

noble, 1863 [im Folgenden: Berghaus-Briefwechsel], Bd. 2, S. 148 f.

235 In: Max Hoffmann: *August Boeckh: Lebensbeschreibung und Auswahl aus seinem wissenschaftlichen Briefwechsel.* Leipzig: Teubner, 1901 [im Folgenden: Boeckh], S. 446

236 In: *Tägliche Rundschau.* Berlin. Nr. 83 v. 19. 2. 1927, Unterhaltungsbeilage Nr. 42

237 Leben S. 60 f. Original in Französisch

238 In: Kurt-R. Biermann (Hg.): *Briefwechsel zwischen Alexander von Humboldt und Carl Friedrich Gauß.* Berlin: Akademie-Verlag, 1977 [im Folgenden: Gauß-Briefwechsel], S. 115

239 Handschrift im Deutschen Literaturarchiv in Marbach [im Folgenden: DLA]. Zit. nach der AvH-Forschungsstelle

240 Berghaus-Briefwechsel Bd. 1, S. 208

241 In: Ingo Schwarz: *Äußerungen Alexander von Humboldts über sich selbst.* In: *HiN (Humboldt im Netz),* (2000) auf: www.uni-potsdam.de/u/romanistik/humboldt/hin/Schwarz1.htm [im Folgenden: Schwarz: Äußerungen]

242 In: *Das Ausland,* 54, 1881, Nr. 28, 11. Juli, S. 541 f. Original in Französisch

243 Jugendbriefe S. 34

244 In: Jean Bernard Marie Alexandre de La Roquette (Hg.): *Oeuvres d' Alexandre de Humboldt. Correspondence inédit scientifique et littéraire.* 2e Partie, Paris: L. Guérin et Cie, 1869, S. 222 f.

245 Bunsen-Briefe S. 197

246 Leben S. 209

247 Cotta-Briefe

248 Königshaus S. 105

249 Handschrift in der Wellcome Library for the History and Understanding of Medicine, London. Zit. nach der AvH-Forschungsstelle

250 Handschrift in der Royal Society, London. Zit. nach der AvH-Forschungsstelle

251 Reissner, S. 173 f.

252 Handschrift im Archiv der BBAW. [Der Briefwechsel zwischen Humboldt und Ehrenberg, hg. von Anne Jobst, unter Mitarbeit von Eberhard Knobloch findet sich unter: http://telota.bbaw.de/ AvHBriefedition/]

253 Ebd.

254 In: Hermann Klencke: *Alexander von Humboldt – ein biographisches Denkmal.* 6. Aufl. Leipzig: Spamer, 1870, S. 224

255 Äquinoktial-Gegenden Bd. 2, S. 1483

256 In: Louis Agassiz: *Address delivered on the Centennial Anniversary of the Birth of Alexander von Humboldt, under the Auspices of the Boston Society of Natural History. With an Account of the Evening Reception.* Boston, 1869 [im Folgenden: Agassiz: Address], S. 90

257 Althaus S. 50

258 In: W. F. A. Zimmermann: *Das Humboldt-Buch.* [1. Abt.] Berlin: Gustav Hempel, 1859 [im Folgenden: Zimmermann], S. 102

259 In: Karl August Varnhagen von Ense: *Tagebücher.* Aus seinem Nachlass hg. von Ludmilla Assing, Leipzig, 1861–1870 [im Folgenden: Varnhagen-Tagebücher], hier Bd. 13, S. 276

260 Jugendbriefe S. 596

261 Handschrift in der Staatsbibliothek zu Berlin – Preußischer Kulturbesitz, Handschriftenabteilung [im Folgenden: SB Berlin]

262 Königshaus S. 105

263 Jugendbriefe S. 178

264 Königshaus S. 230

265 Althaus S. 81

266 In: Ingo Schwarz und Klaus Wenig (Hg.): *Briefwechsel zwischen Alexander von Humboldt und Emil du Bois-Reymond.* Berlin: Akademie-Verlag, 1997 [im Folgenden: Du Bois-Reymond-Briefwechsel], S. 133, Anm. 1

267 Cotta-Briefe

268 Handschrift im DLA Marbach. Zit. nach der AvH-Forschungsstelle

269 Äquinoktial-Gegenden Bd. 1, S. 37

270 Ebd. 1, S. 32

271 Handschrift im Archiv der BBAW. S. Anm. 252

272 Handschrift in der SB Berlin.

273 Kosmos Bd. 1, S. 38 bzw. S. 25

274 Äquinoktial-Gegenden Bd. 2, S. 1294

275 Leben S. 179

276 Wilhelm-von-Humboldt-Briefe S. 186

277 Wilhelm-von-Humboldt-Briefe S. 186

278 Jugendbriefe S. 170

279 Reisebriefe S. 89 f.

280 Cotta-Briefe

281 In: Ingo Schwarz und Kurt-R. Biermann: »Sibirien beginnt in der Hasenheide«- Alexander von Humboldts Neigung zur Moquerie. In: HiN. Internationale Zeitschrift für Humboldt-Studien II, 2 (2001) www.uni-potsdam.de/u/romanistik/humboldt/hin/Biermann-Schwarz2.htm [im Folgenden: Schwarz: Moquerie]

282 Handschrift im Archiv der BBAW. Nachlass Encke

283 Gauß-Briefwechsel S. 76

284 Althaus S. 96

285 Handschrift im Archiv Schloss Tegel

286 Schwarz: Äußerungen

287 In: Albert Rilliet (Hg.): Lettres d'Alexandre de Humboldt a Marc-Auguste Pictet, 1795–1824. Genf: Carey Frères, 1869, S. 180. Original in Französisch

288 Handschrift in der UB Bonn. Zit. nach der AvH-Forschungsstelle

289 Jugendbriefe S. 36

290 Kosmos Bd. 1, S. 69 bzw. 37

291 Handschrift im DLA Marbach. Zit. nach der AvH-Forschungsstelle

292 Kosmos Bd. 1, S. 69 bzw. S. 37

293 Handschrift in der SB Berlin

294 Handschrift im Archiv der BBAW. Nachlass Encke

295 Handschrift in der Sammlung Runge; Privatbesitz. Zit. nach der AvH-Forschungsstelle

296 In: Alfred Dove: Heinrich Wilhelm Dove, in: Allgemeine Deutsche Biographie, Bd. 48, Leipzig: Duncker und Humblot, 1904, S. 62

297 Handschrift im Archiv der BBAW. S. Anm. 252

298 Kosmos Bd. 1, S. 32 bzw. S. 23

299 Jugendbriefe S. 67

300 Handschrift in der SB Berlin

301 Boeckh S. 441 f.

302 Ebd. S. 441

303 Berghaus-Briefwechsel Bd. 1, S. 12

304 In: Lemasle, Paris. Le biblio-autographile 195 Nr. 262. Original in Französisch

305 Jugendbriefe S. 346

306 Kosmos Bd. 1, S. VI bzw. S. 3

307 Nerven- und Muskelfaser, Bd. 1, S. 453

308 Schellings Leben Bd. 2, S. 49

309 Ebd.

310 Du Bois-Reymond-Briefwechsel S. 144

311 Jugendbriefe S. 41

312 Jugendbriefe S. 131

313 Handschrift im Archiv der BBAW. Nachlass Julius Schmidt

314 In: Ilse Jahn: *Dem Leben auf der Spur. Die biologischen Forschungen Alexander von Humboldts.* Jena, Leipzig und Berlin: Urania 1969, S. 185. Original in Französisch

315 Althaus S. 43

316 Berghaus-Briefwechsel Bd. 2, S. 284

317 Althaus S. 85

318 Handschrift im Niedersächsischen Landesarchiv – Staatsarchiv Wolfenbüttel. Zit. nach der AvH-Forschungsstelle

319 Reisebriefe S. 58

320 Varnhagen-Briefwechsel S. 92

321 Gay-Lussac S. 157

322 Reisebriefe S. 91

323 Du Bois-Reymond-Briefwechsel S. 127

324 Varnhagen-Briefwechsel S. 101. Original in Französisch

325 Varnhagen-Briefwechsel S. 105

326 Du Bois-Reymond-Briefwechsel, S. 141. Original in Französisch

327 Handschrift in der SB Berlin

328 Handschrift im Archiv des Deutschen Museums, München.

Zit. nach der AvH-Forschungsstelle

329 Handschrift im DLA Marbach. Zit. nach der AvH-Forschungsstelle

330 Jugendbriefe S. 297

331 In: *Tägliche Rundschau.* Berlin. Nr. 83 v. 19. 2. 1927, Unterhaltungsbeilage Nr. 42

332 Handschrift in der SB Berlin

333 In: Zimmermann, 2. Abt., S. 114

334 Handschrift im Geheimen Staatsarchiv Preußischer Kulturbesitz, Berlin. Zit. nach der AvH-Forschungsstelle

335 Handschrift in der SB Berlin

336 In: Julius Löwenberg: *Briefe Alexander von Humboldt's an Frau von Wolzogen.* In: *Vossische Zeitung,* Sonnt.-Beil. Nr. 45 v. 6. 11. 1881, Sp. 11 [im Folgenden: Wolzogen]

337 Handschrift im DLA Marbach. Zit. nach der AvH-Forschungsstelle

338 Wilhelm-von-Humboldt-Briefe S. 71. Original in Französisch

339 Handschrift im DLA Marbach. Zit. nach der AvH-Forschungsstelle

340 Reisetagebücher Bd. 2, S. 162. Original in Französisch

341 Handschrift im British Museum, London. Original in Französisch. Zit. nach der AvH-Forschungsstelle

342 Königshaus S. 125

343 Jugendbriefe S. 170

344 Cotta-Briefe

345 Bessel-Briefwechsel S. 116

346 Cotta-Briefe

347 Berghaus-Briefwechsel Bd. 1, S. 210

348 Ebd. Bd. 1, S. 255

349 Handschrift im Geheimen Staatsarchiv Preußischer Kulturbesitz, Berlin. Zit. nach der AvH-Forschungsstelle

350 Cotta-Briefe

351 Cotta-Briefe

352 Berghaus-Briefwechsel Bd. 3, S. 253

353 In: *Tägliche Rundschau*. Berlin. Nr. 83 v. 19. 2. 1927, Unterhaltungsbeil. Nr. 42

354 In: Wilhelm Ziehr: *Aus der Frühzeit der Gletscherforschung. Ein unbekannter Briefwechsel zwischen König Friedrich Wilhelm IV., Alexander von Humboldt und Louis Agassiz.* In: *Berliner Manuskripte zur Alexander-von-Humboldt-Forschung*, Heft 29, 2007, S. 31

355 Varnhagen-Tagebücher Bd. 10, S. 29

356 Jugendbriefe S. 593

357 Handschrift in den Staatlichen Museen zu Berlin – Preußischer Kulturbesitz, Zentralarchiv. Zit. nach der AvH-Forschungsstelle

358 Varnhagen-Briefwechsel, S. 328

359 Handschrift im DLA Marbach. Zit. nach der AvH-Forschungsstelle

360 Ebd.

361 Handschrift im Archiv der BBAW. S. Anm. 252

362 Schwarz: Moquerie

363 Varnhagen-Briefwechsel S. 33

364 In: Friedrich von Raumer: *Litterarischer Nachlaß*, Bd. 1, Berlin: Mittler, 1869, S. 20

365 Jugendbriefe S. 70

366 Kultusministerium S. 16

367 Schwarz: Moquerie

368 In: Kurt-R. Biermann: *Beglückende Ermunterung durch die akademische Gemeinschaft. Alexander von Humboldt als Mitglied der Berliner Akademie der Wissenschaften.* Berlin: Akademie-Verlag, 1991, S. 25

369 Schwarz: Moquerie

370 Bunsen-Briefwechsel S. 49

371 Schwarz: Moquerie

372 Handschrift im DLA Marbach. Zit. nach der AvH-Forschungsstelle

373 In: Leopold von Gerlach: *Denkwürdigkeiten aus dem Leben Leopold von Gerlachs, Generals der Infanterie und General-Adjutanten König Friedrich Wilhelms IV. Nach seinen Aufzeichnungen hg. von seiner Tochter.* 2 Bde., Berlin: Hertz, 1891–1892 [im Folgenden: Gerlach], Bd. 2, S. 481

374 Agassiz: Address S. 74

375 In: Herbert Pieper (Hg.): *Brief-wechsel zwischen Alexander von Humboldt und C. G. Jacob Jacobi.* Berlin: Akademie-Verlag, 1987, S. 65

376 Gerlach Bd. 1, S. 445

377 Berghaus-Briefwechsel, Bd. 1, S. 6

378 Varnhagen-Briefwechsel S. 34 f. und 42

379 Bruhns Bd. 2, S. 112 f.

380 Varnhagen-Tagebücher Bd. 2, S. 247

381 Althaus S. 135

382 Handschrift im Archiv Schloss Tegel

383 Handschrift in der SB Berlin

384 Handschrift im DLA Marbach. Zit. nach der AvH-Forschungsstelle

385 In: Ernest Théodore Jules Hamy (Hg.): *Correspondance d'Alexandre de Humboldt avec François Arago.* Paris: Guilmoto, 1908, S. 106. Original in Französisch

386 In: Adolf Pichler: *Gesammelte Werke.* Bd. 3. Aus Tagebüchern 1849–1899. München und Leipzig: Müller, 1899, S. 66

387 In: Kurt-R. Biermann und Ingo Schwarz: *»Moralische Sandwüste und blühende Kartoffelfelder«. Humboldt – ein Weltbürger in Berlin.* In: Frank Holl (Hg.) *Alexander von Humboldt – Netzwerke des Wissens.* Ausstellung in Berlin und Bonn. Ostfildern: Cantz, 1999, S. 185

388 In: Ingeborg Stolzenberg: *Georg Benjamin Mendelssohn im Spiegel seiner Korrespondenzen.* In: *Mendelssohn-Studien 3,* 1979, S. 84

389 Varnhagen-Tagebücher Bd. 1, S. 46

390 Handschrift in der Staats- und Universitätsbiliothek Bremen. Zit. nach der AvH-Forschungsstelle

391 In: Julius Löwenberg: *Briefe Alexander von Humboldt's an Frau von Wolzogen.* In: Voss. Ztg., Sonnt.-Beil. Nr. 45 v. 6. 11. 1881, Sp. 10

392 Handschrift im Archiv der BBAW. S. Anm. 252

393 Schwarz: Moquerie

394 Berghaus-Briefwechsel Bd. 3, S. 1

395 Du Bois-Reymond-Briefwechsel S. 101

396 Boeckh S. 441

397 Du Bois-Reymond-Briefwechsel S. 117

398 Cotta-Briefe

399 *Berlinische Nachrichten von Staats- und gelehrten Sachen,* 20. März, Nr. 67, S. 4

400 Handschrift im Archiv der BBAW. S. Anm. 252

INHALTSVERZEICHNIS